普通高等教育"十一五"国家级规划教材

丛书主编 谭浩强

高等院校计算机应用技术规划教材

实用技术教材系列

Internet
应用技术实用教程
（第2版）

李宁 王洪 田蓉 编著

清华大学出版社

北京

内 容 简 介

本教材以操作系统 Windows XP 为平台，较为详细地介绍了与 Internet 应用相关的通用性操作技能，全书共分为 7 章，主要内容包括计算机网络基础知识、Internet 的接入方式、IE 浏览器的使用、收发电子邮件、加入网络新闻组、网上资源搜索及上传下载操作以及网上娱乐学习、交流和其他网上活动。

本教材可作为高职高专学校 Internet 课程的教材，也可以作为相关人员的培训教材。

图书在版编目（CIP）数据

Internet 应用技术实用教程 / 李宁，王洪，田蓉编著 . --2 版 . --北京：清华大学出版社，2012.4
（高等院校计算机应用技术规划教材——实用技术教材系列）
ISBN 978-7-302-28158-0

Ⅰ. ①I…　Ⅱ. ①李…　②王…　③田…　Ⅲ. ①互联网络－高等学校－教材　Ⅳ. ①TP393.4

中国版本图书馆 CIP 数据核字（2012）第 033690 号

责任编辑：谢　琛　李玮琪
封面设计：常雪影
责任校对：时翠兰
责任印制：李红英

出版发行：清华大学出版社
　　　　网　　　　址：http://www.tup.com.cn, http://www.wqbook.com
　　　　地　　　　址：北京清华大学学研大厦 A 座　　　邮　　编：100084
　　　　社　总　机：010-62770175　　　　　　　　　邮　　购：010-62786544
　　　　投稿与读者服务：010-62776969, c-service@tup.tsinghua.edu.cn
　　　　质　量　反　馈：010-62772015, zhiliang@tup.tsinghua.edu.cn
　　　　课　件　下　载：http://www.tup.com.cn, 010-62795954
印　装　者：北京清华园胶印厂
经　　　销：全国新华书店
开　　　本：185mm×260mm　　　印　　张：17.25　　　字　　数：396 千字
版　　　次：2006 年 10 月第 1 版　2012 年 4 月第 2 版　　印　　次：2012 年 4 月第 1 次印刷
印　　　数：1～3000
定　　　价：29.00 元

产品编号：037407-01

序

《高等院校计算机应用技术规划教材》

进 入21世纪，计算机成为人类常用的现代工具，每一个有文化的人都应当了解计算机，学会使用计算机来处理各种的事务。

学习计算机知识有两种不同的方法：一种是侧重理论知识的学习，从原理入手，注重理论和概念；另一种是侧重于应用的学习，从实际入手，注重掌握其应用的方法和技能。不同的人应根据其具体情况选择不同的学习方法。对多数人来说，计算机是作为一种工具来使用的，应当以应用为目的、以应用为出发点。对于应用性人才来说，显然应当采用后一种学习方法，根据当前和今后的需要，选择学习的内容，围绕应用进行学习。

学习计算机应用知识，并不排斥学习必要的基础理论知识，要处理好这二者的关系。在学习过程中，有两种不同的学习模式：一种是金字塔模型，亦称为建筑模型，强调基础宽厚，先系统学习理论知识，打好基础以后再联系实际应用；另一种是生物模型，植物并不是先长好树根再长树干，长好树干才长树冠，而是树根、树干和树冠同步生长的。对计算机应用性人才教育来说，应该采用生物模型，随着应用的发展，不断学习和扩展有关的理论知识，而不是孤立地、无目的地学习理论知识。

传统的理论课程采用以下的三部曲：提出概念—解释概念—举例说明，这适合前面第一种侧重知识的学习方法。对于侧重应用的学习者，我们提倡新的三部曲：提出问题—解决问题—归纳分析。传统的方法是：先理论后实际，先抽象后具体，先一般后个别。我们采用的方法是：从实际到理论，从具体到抽象，从个别到一般，从零散到系统。实践证明这种方法是行之有效的，减少了初学者在学习上的困难。这种教学方法更适合于应用型人才。

检查学习好坏的标准，不是"知道不知道"，而是"会用不会用"，学习的目的主要在于应用。因此希望读者一定要重视实践环节，多上机练习，千万不要满足于"上课能听懂、教材能看懂"。有些问题，别人讲半天也不明白，自己一上机就清楚了。教材中有些实践性比较强的内容，不一定在课堂上由老师讲授，而可以指定学生通过上机掌握这些内容。这样做可以培养学生的自学能力，启发学生的求知欲望。

全国高等院校计算机基础教育研究会历来倡导计算机基础教育必须坚持面向应用的正确方向，要求构建以应用为中心的课程体系，大力推广新的教学三部曲，这是十分重要的指导思想，这些思想在《中国高等院校计算机基础课程》中作了充分的说明。本丛书完全符合并积极贯彻全国高等院校计算机基础教育研究会的指导思想，按照《中国高等院校计算机基础教育课程体系》组织编写。

这套《高等院校计算机应用技术规划教材》是根据广大应用型本科和高职高专院校的迫切需要而精心组织的，其中包括 4 个系列：

（1）基础教材系列。该系列主要涵盖了计算机公共基础课程的教材。

（2）应用型教材系列。适合作为培养应用性人才的本科院校和基础较好、要求较高的高职高专学校的主干教材。

（3）实用技术教材系列。针对应用型院校和高职高专院校所需掌握的技能技术编写的教材。

（4）实训教材系列。应用型本科院校和高职高专院校都可以选用这类实训教材。其特点是侧重实践环节，通过实践（而不是通过理论讲授）去获取知识，掌握应用。这是教学改革的一个重要方面。

本套教材是从 1999 年开始出版的，根据教学的需要和读者的意见，几年来多次修改完善，选题不断扩展，内容日益丰富，先后出版了 60 多种教材和参考书，范围包括计算机专业和非计算机专业的教材和参考书；必修课教材、选修课教材和自学参考的教材。不同专业可以从中选择所需要的部分。

为了保证教材的质量，我们遴选了有丰富教学经验的高校优秀教师分别作为本丛书各教材的作者，这些老师长期从事计算机的教学工作，对应用型的教学特点有较多的研究和实践经验。由于指导思想明确、作者水平较高，教材针对性强，质量较高，本丛书问世 7 年来，愈来愈得到各校师生的欢迎和好评，至今已发行了 240 多万册，是国内应用型高校的主流教材之一。2006 年被教育部评为普通高等教育"十一五"国家级规划教材，向全国推荐。

由于我国的计算机应用技术教育正在蓬勃发展，许多问题有待深入讨论，新的经验也会层出不穷，我们会根据需要不断丰富本丛书的内容，扩充丛书的选题，以满足各校教学的需要。

本丛书肯定会有不足之处，请专家和读者不吝指正。

全国高等院校计算机基础教育研究会会长
《高等院校计算机应用技术规划教材》主编　　谭浩强

2008 年 5 月 1 日于北京清华园

人类已进入 21 世纪,在这个高度信息化的社会,计算机的应用日益普及,特别是计算机网络技术的迅猛发展,彻底改变了人们的生活方式和生产方式。Internet 的普及应用,引起了世界范围内产业结构的变化,进一步促进了全球信息产业的发展,并且在各国的政治、经济、文化、科研、教育和社会生活等各个领域发挥着越来越重要的作用。在中国,Internet 正以超出人们想象的速度发展,2005 年 1 月 19 日,中国互联网络信息中心(CNNIC)发布的第 15 次统计报告表明,截至 2004 年底,中国内地上网用户总数为 9400 万。Internet 的蓬勃发展为中国的腾飞带来一轮历史性的曙光,Internet 应用技术已成为每一个当代人必备的技能,现在的人们没有互联网同样可以生活,但有了互联网却可以使生活更精彩。在这种形势下,编者结合自己多年使用 Internet 的经验和当前网络的发展情况,编写了这本教材。

本教材是"高等院校计算机应用技术规划教材"之一,主要面向的对象为高职高专的学生,具有较强的针对性。本教材以操作系统 Windows XP 为平台,较为详细地介绍了与 Internet 应用相关的通用性操作技能,本教材以技能培训为基础,在写作过程中,力求做到概念准确、语言清晰、易学易用、通俗简明。为此,本书舍弃了烦琐的理论说明,强调操作技能的训练,采用了任务驱动的方式,在介绍必备知识的基础上,通过目标与任务分析、操作思路、操作步骤和归纳分析等操作过程,引导读者完成各种技能的训练。使初学者以最快的速度掌握 Internet 的各种应用技术。

全书共分为 7 章,其中第 1 章至第 4 章由李宁编写,第 5 章由田蓉编写,第 6 章和第 7 章由王洪编写。为了使读者便于阅读本教材,每一章前面都列出了学习要点,强调了每章的重点内容;每一章的后面附有本章小结及练习题,供读者复习参考。

在本书的编写过程中,全国计算机教育研究会理事长谭浩强教授始终给予作者指导和帮助,清华大学出版社的编辑也对本书提出了许多有益的建议,在此表示衷心的感谢。

由于作者水平有限,书中难免有不妥之处,敬请广大读者批评指正。

编　者
2011 年 10 月于首都医科大学

第1章

计算机网络基础

计算机网络(Computer Network)是 20 世纪 60 年代末出现的新技术,它是计算机技术和通信技术紧密结合的产物,借助计算机网络,人们可以实现数据传输和资源共享,它代表着当代计算机技术发展的一个极其重要的方向。Internet(因特网)是典型的、使用最广泛的计算机网络,也是一个开放的、互连的、遍及全世界的计算机网络。

本章要介绍的内容有:

- 计算机网络的基本概念
- 计算机网络的基本组成
- 计算机网络的分类
- 计算机网络协议
- IP 地址与域名
- Internet 的主要信息服务

1.1 计算机网络概述

1.1.1 什么是计算机网络

计算机网络是 20 世纪 60 年代末出现的新技术,它是计算机技术和通信技术紧密结合的产物。所谓计算机网络,是指将分布在不同地理位置上的具有独立功能的多个计算机系统通过通信设备和通信线路相互连接起来,在网络软件的支持下,实现数据传输和资源共享的计算机群体系统。

下面从三个方面对计算机网络的定义加以说明。首先,计算机网络是一个复合系统,它是由多台具有自主功能的计算机互连组成的,所谓具有自主功能是指这些计算机脱离了网络也能独立运行与工作;其次,这些计算机之间是互相连接的,计算机网络的连接介质是通信线路(如同轴电缆、双绞线、光纤、微波、卫星等)和通信设备(如网关、网桥、路由器等);最后,计算机相互连接的目的是实现数据传输和资源共享,这也正是计算机网络的功能。

1.1.2　计算机网络的基本组成

从系统功能的角度看,计算机网络主要由资源子网和通信子网两部分组成。资源子网也称为用户子网,它由用户主机、用户终端、外部设备、网络协议及用户应用软件系统构成;通信子网也称为传输系统,负责信息数据的传输和交换,它由通信线路(即传输介质)、网络连接设备(如通信处理机或交换机、通信控制器、调制解调器)、网络协议等构成。

在此需要强调的是,资源子网和通信子网的功能是不同的,通信子网主要完成网络信息的传输,保证信息在网络中从一端传到另一端;资源子网负责信息的处理,不关心信息是如何传输给对方的,而是负责在端主机上的处理。

将网络中纯粹负责通信任务的子网与负责信息处理的主机分离开,就使得这两部分可以单独规划与管理,使整个网络的设计与管理简化。

1.1.3　计算机网络的分类

若要将计算机网络分类,首先需要有一个分类的标准。计算机网络分类的标准非常多,例如按数据的传输方式分类、按网络的拓扑结构分类以及按网络协议分类等。如果按照计算机网络覆盖的地理范围来分类,一般可分为三类:局域网、城域网和广域网。

1. 局域网

局域网(Local Area Network)简称 LAN,是指处于同一建筑内或方圆几公里地域内的专用网络,其覆盖的地理范围一般在 10km 以内。由于传输距离短,因此,它具有较高的传输速率且出错率低。目前,在许多住宅小区中建设的宽带网就是一种较大规模的局域网;另外,校园网也属于局域网。

2. 城域网

城域网(Metropolitan Area Network)简称 MAN,其覆盖的地理范围一般为几千米到几十千米之间,一般覆盖一个城市及其周边地区。

3. 广域网

广域网(Wide Area Network)简称 WAN,是指远距离、大范围的计算机网络,其覆盖的地理范围通常在几十到几千千米以上,由于它覆盖的地理范围广,因此又称为远程网络。

1.1.4　计算机网络协议

计算机网络的基本功能就是将分别独立的计算机系统互连起来,使它们之间能够相互通信(交换信息)。由于计算机网络是一个涉及通信系统和计算机系统的复杂系统,因此,相互通信的两个计算机系统必须高度协调工作才行。为了设计这样复杂的计算机网络系统,人们提出了将网络分层的方法,将计算机网络的整体功能分为几个相对独立的子功能,每一层都对应一个非常明确的子功能,这种层次结构的设计称为网络层次结构模型。层与层之间都有一个接口,每一层通过接口向它的上一层提供一定的服务;一台机器

上的第 n 层与另一台机器上的第 n 层进行对话,对话的规则就是第 n 层协议,协议是通信双方就通信如何进行达成的一致意见和约定。层和协议的集合就称为网络体系结构。

不同的网络,其层的数量以及各层的名字、内容和功能都不尽相同,图 1-1 所示为一个 5 层协议模型。

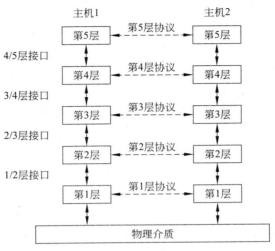

图 1-1   5 层协议模型

理解图 1-1 的关键在于以下两点:首先,要正确区分服务和协议这两个概念,服务是下一层对上一层提供的(垂直方向的),而协议是指同层之间的通信规则(水平方向的);其次,数据并不是从一台机器的第 n 层直接传送到另一台机器的第 n 层,而是每一层都把数据交给它的下一层,直到最下层。第 1 层下是物理介质,它进行实际的通信。图 1-1 中虚线表示虚拟通信,实线表示物理通信。

1.2 Internet 概述

1.2.1 什么是 Internet

Internet 的中文译名为“因特网”,也称“国际互联网”。它是通过路由器(一种专用的网络设备)将分布在不同地区的、各种各样的网络以各种不同的传输介质和专用的计算机语言(协议)连接在一起的全球性的、开放的计算机互连网络。

Internet 的逻辑结构如图 1-2 所示,可以看出,它是一个使用路由器将分布在世界各地的、规模不一的计算机网络互连起来的网际网。通过 Internet,可以实现全球范围的电子邮件收发、WWW 信息浏览与查询、文件传输、语音与图像通信服务等功能。

Internet 主要由以下几部分组成:通信线路、路由器、主机和信息资源,它们各自的作用如下。

1. 通信线路

通信线路负责将 Internet 中的路由器与各个网络连接起来,通信线路可以分为两大

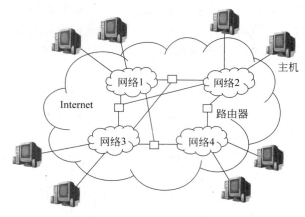

图 1-2　Internet 逻辑结构

类：有线线路(如双绞线、同轴电缆等)和无线线路(如微波与无线电等)。

2. 路由器

路由器负责将 Internet 中的各个网络连接起来,当数据从一个网络传输到路由器时,它需要根据数据所要到达的目的地,为数据选择一条最佳的传输路径。当数据从源主机发出后,往往要经过多个路由器的转发并经过多个网络的传输才能到达目的主机。

3. 主机

Internet 中的主机既可以是大型计算机,也可以是普通的微型计算机。按照在 Internet 中的用途,主机可以分为两类:服务器和客户机。服务器是信息资源与服务的提供者,一般是性能比较高、存储容量比较大的计算机;客户机是信息资源与服务的使用者,可以是普通的微型计算机或便携机。服务器使用专用的服务器软件向用户提供信息资源与服务,而用户使用各类 Internet 客户端软件来访问信息资源或服务。

客户机/服务器系统(Client/Server System)是计算机网络中最重要的信息传递系统,Internet 中的所有服务都使用这种客户机/服务器系统,所以,熟练掌握 Internet 的应用技术,从某种意义上讲就是熟练掌握每个客户端软件。

4. 信息资源

Internet 是当今世界上最大的信息网,它包含着全球范围内无限增长的信息资源,例如文本、图像、音频和视频等多种信息类型,涉及社会生活的各个方面。通过 Internet,人们可以浏览或查找各种资料、下载所需信息、参与联机游戏或收看网上直播等。

1.2.2　Internet 通信协议——TCP/IP

TCP/IP 协议是 Internet 的基础协议,凡是要接入 Internet 的计算机都必须遵循 TCP/IP 协议。实际上,TCP/IP 并不是一个协议,而是一个协议集,它包含一系列的协议,并对 Internet 主机的寻址方式、命名规则、传输机制和服务功能做了详细的约定。

如前所述,为了设计复杂的计算机网络系统,人们采用了结构化设计的方法将网络按照功能分层,将计算机网络的整体功能分为几个相对独立的子功能,每一层都对应一个非常明确的子功能,这种层次结构的设计称为网络层次结构模型。Internet 的网络层次结构模型如图 1-3 所示,它只有四层,自下而上依次为:子网层、互联网层、传输层和应用层。

| 应用层 |
| 传输层 |
| 互联网层 |
| 子网层 |

图 1-3 Internet 结构模型

互联网层是整个 Internet 层次模型中的核心部分,在该层运行的协议就是网际互连协议(Internet Protocol,IP)。IP 协议具有识别网络与主机号的功能,它的基本任务是在 Internet 中传送数据分组,发送数据的主机使用 IP 协议将数据封装成 IP 分组,路由器使用 IP 协议控制分组的传输路径,接收数据的主机使用 IP 协议将分组拆封成数据。

传输层在互联网层之上,该层运行的协议主要有两个:一个是传输控制协议(Transmission Control Protocol,TCP),另一个是用户数据报协议(User Datagram Protocol,UDP)。其中,传输控制协议是一个面向连接的可靠协议,允许从一台计算机发出的字节流无差错地发往 Internet 上的其他计算机。在发送端,TCP 协议将输入的字节流分成报文段并交给互联网层;在接收端,TCP 协议把收到的报文再组装成字节流并传送给应用层。

应用层是 Internet 层次结构模型中的最高层,这一层包含了许多为用户服务的协议,主要有超文本传输协议(HTTP)、文件传输协议(FTP)、简单邮件传输协议(SMTP)、远程登录协议(Telnet)等。

1.2.3 IP 地址与域名

Internet 上的每台主机要和其他主机进行通信,除使用相同的 TCP/IP 协议之外,还必须要有一个地址,这个地址是全球唯一的,它唯一标识与 Internet 连接的一台主机。Internet 上的主机地址有两种表示形式:IP 地址和域名地址。

1. IP 地址

如图 1-4 所示,IP 地址采用分层结构,它由网络号和主机号两部分组成。其中,网络号是一个网络在 Internet 上的唯一标识,主机号是一台主机或网络设备在网络内的唯一标识。

| 网络号 | 主机号 |

图 1-4 IP 地址的结构

目前使用的是第二代互联网 IPv4 技术,IPv4 是 Internet Protocol Version 4 的缩写,它规定一个 IP 地址由 32 位二进制数组成,也可以将 32 位二进制数分为 4 个字节(每个字节 8 位二进制数),每个字节用 0～255 的十进制数表示,字节之间用分隔符分隔。例如,一个十进制数 202.204.176.10 表示的 IP 地址对应的二进制数表示为:

202.	204.	176.	10
11001010	11001100	10110000	00001010

根据不同的取值范围,IP 地址可以分为五类,其中 A 类、B 类和 C 类地址为三类主要的 IP 地址,如图 1-5 所示。

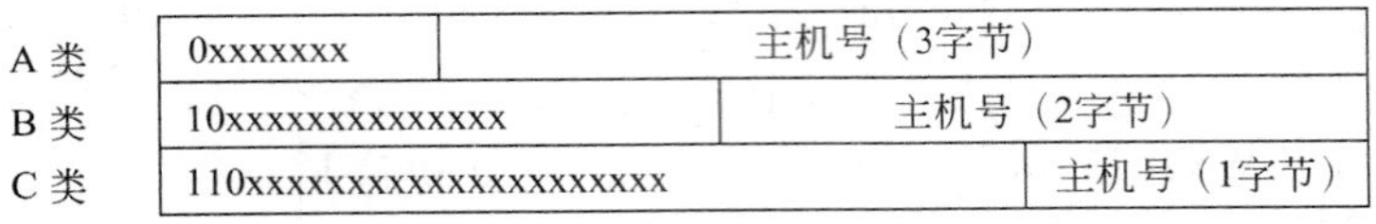

A 类	0xxxxxxx	主机号(3字节)	
B 类	10xxxxxxxxxxxxxx	主机号(2字节)	
C 类	110xxxxxxxxxxxxxxxxxxxxx	主机号(1字节)	

图 1-5　三类主要的 IP 地址

A 类 IP 地址第 1 个字节的第 1 位为 0,后 7 位为网络号。由此可知,理论上 A 类地址有 2^7 个,但由于网络号全 0 和全 1 的 IP 地址被保留为特殊用途的地址,因此 A 类网络的有效个数为 2^7-2 个;A 类地址的后 3 个字节共 24 位为主机号,显然每个 A 类地址中的主机数可达 2^{24} 台,但由于主机号不能全为 0 和全 1,因此每个 A 类地址中的实际主机数为 $2^{24}-2$ 台。由于 A 类地址中的主机数目非常多,因此这类地址往往分配给大型网络使用。

B 类 IP 地址第 1 个字节的前 2 位为 10,第 1 个字节的后 6 位和第 2 个字节的 8 位是网络号,所以 B 类地址有 2^{14} 个;B 类 IP 地址的后 2 个字节共 16 位为主机号,故每个 B 类地址中的主机数为 $2^{16}-2$ 个。这类地址适用于中型网络。

C 类 IP 地址第 1 个字节的前 3 位为 110,第 1 个字节的后 5 位和第 2 个字节的 8 位、第 3 个字节的 8 位是网络号,所以 C 类地址有 2^{21} 个;C 类地址的最后 1 个字节共 8 位为主机号,故每个 C 类地址中的主机数为 2^8-2 个。C 类地址适用于小型网络。

2. 域名

由于 IP 地址是一串的数字,用户记忆起来非常困难,因此人们定义了一种字符型的主机命名机制,即域名。所谓域名,就是字符化的 IP 地址。

Internet 主机域名采用层次结构,一个完整的域名最右边的是最高层次的顶级域名,最左边的是主机名,自右向左是各级子域名,各级子域名之间用下圆点"."隔开。

如表 1-1 所示,顶级域名采用了两种划分模式:组织模式和地理模式。由于美国是 Internet 的发源地,因此其顶级域名采用组织模式划分;其他国家的顶级域名则以地理模式划分,例如 cn 代表中国,fr 代表法国,uk 代表英国,等等。

表 1-1　顶级域名及其意义

域名	意义	域名	意义
edu	教育机构	net	网间连接组织
com	商业组织	org	非营利组织
gov	政府部门	int	国际组织
mil	军事部门	国家代码	各个国家

我国的顶级域名为 cn。中国互联网信息中心(CNNIC)负责管理我国的顶级域名,将 cn 域划分为多个二级域。我国二级域名的划分也采用了两种模式:组织模式和地理模式。例如,bj 代表北京,sh 代表上海,tj 代表天津,等等;ac 代表科研机构,edu 代表教育机构,com 代表商业组织,gov 代表政府部门,等等。

例如 ftp. cpums. edu. cn 这个域名表示首都医科大学的 FTP 服务器,该域名中的 FTP 是一台主机名;该主机是由 cpums 管理的,cpums 是三级域名,代表首都医科大学;cpums 属于教育域 edu;edu 是二级域名,代表教育机构;cn 是顶级域名,代表中国。

1.2.4 IPv6 简介

如前所述,IPv4 地址空间由 32 位二进制数组成,理论上拥有 2^{32}(约 40 亿)个 IP 地址,虽然 40 亿听起来是一个十分巨大的数字,但目前 IPv4 地址在数量上已不能满足人们的需求。之所以出现以上的情况,首先是因为 IPv4 按 A、B、C 地址类型的划分使可用的网络地址数目大打折扣。例如一个拥有 B 类地址的机构,它的网络可包含 $2^{16}-2$ 台(65534 台)主机,对于大多数机构来讲,很难完全利用如此多的地址,这势必造成了 IP 地址的大量浪费。另外,随着网络技术的发展,大量的信息化、智能化家电产品也在消耗着 IP 地址,3G 推动下的移动互联网发展存在着对 IP 地址的巨大需求。2010 年 1 月,中国互联网络信息中心发布消息称:全球互联网 IP 地址刚刚突破一个新的临界点,可分配的 IPv4 地址余量已不足 10%,明年将全部耗尽,如不及时解决,未来诞生的新网民将面临无 IP 地址可用的困境。

一方面是地址资源数量的限制,另一方面是日益增长的对 IP 地址的需求,在这样的环境下,IPv6 应运而生。IPv6 是 Internet Protocol Version 6 的缩写,是 IETE(Internet Engineering Task Force)设计的用于替代现行 IPv4 协议的下一代 IP 协议。鉴于 IPv4 在数量上已不能满足需要,早在 1992 年 IETE 就在波士顿的会议上发表了征求下一代 IP 协议的计划,1994 年 7 月决定将 IPv6 作为下一代 IP 标准。IPv6 继承了 IPv4 的优点,吸取了 IPv4 长期运行积累的经验,解决了 IPv4 地址枯竭和路由表急剧膨胀两大问题,并且在安全性、移动性、数据包处理效率和即插即用等方面进行了革命性的改进。当前,IPv6 正处在不断发展和完善的过程中,它在不久的将来取代 IPv4 已是必然的趋势。

1. IPv6 的特点

IPv6 是因特网的新一代通信协议,在兼容了 IPv4 所有功能的基础上,增加了一些新的功能,其主要特点如下。

(1) 充足的地址空间

IPv6 地址长度由原来的 32 位增加到 128 位,地址空间增大了 2^{96} 倍,确保加入因特网的每个设备的端口都可以获得一个 IP 地址,并且 IP 地址也定义了更丰富的地址层次结构和类型,增加了地址动态配置功能。

(2) 灵活的 IP 报文头部格式

通过将 IPv4 报文头中的某些字段裁减或移入到扩展报文头,缩短了 IPv6 基本报文头的长度。IPv6 使用固定长度的基本报文头,从而简化了转发设备对 IPv6 报文的处理,提高了转发效率。

（3）内置的安全性

由于 IPv4 在安全设计上存在先天不足，因此导致了数据包窃听、IP 欺骗及 TCP 序列号欺骗等问题，IPv6 协议通过支持 IPSec(Internet Protocol Security)，为网络安全性提供了一种基于标准的解决方案，在 IP 层上实现了加密、认证及访问控制等多项安全技术，极大地提高了 TCP/IP 协议的安全性。

（4）高性能和高 QoS

服务质量(Quality of Service,QoS)是用来描述网络性能的，IPv6 之所以有高 QoS，是因为其报头中包含了一些关于控制 QoS 的信息(流类别和流标记)，通过路由器的配置可以实现优先级控制和 QoS 保证，在很大程度上改善了服务质量。

（5）提供良好的移动性支持

对移动性的支持是 IPv6 协议制定之初就考虑到的，因此 IPv6 的移动性支持能够得到基本协议的较好配合。在 IPv6 中不再需要异地代理路由器，同时也很好地解决了 IPv4 协议中存在的三角路由问题。

2．IPv6 的应用前景

IPv6 技术体系经历了十多年的发展，其标准化进程缓慢，严重影响了 IPv6 技术应用体系的建立。近几年来，IPv6 的标准化进程明显加快，具有 IPv6 特性的网络设备和网络终端以及相关的硬件平台也陆续推出。IPv6 技术对视频、语音、移动和安全等业务提供了强大的技术支持，具有广泛的应用前景。

（1）视频应用

IPv6 带来了地址的极大丰富，使得大量部署网络摄像头成为可能，越来越多的企业可以采用视频技术开展远程会议、视频点播和广播、远程教学、远程医疗、远程监控及可视电话等应用，满足人们对交互式可视化沟通的需求。IPv6 协议解决了地址容量问题，优化了地址结构，提高了选路效率和数据吞吐量。高 QoS 带来了高性能的优质服务，适应了视频通信大信息量传输的需求。

（2）网络家电

随着网络技术的发展，数量巨大的家电产品也都具有了联网的需求，为连入网络的家电服务是 IPv6 的重要应用之一。IPv6 技术提供的充裕的 IP 地址能够使人们给电视机、冰箱、微波炉、空调、洗衣机等每个家用电器分配一个 IP 地址，以利于它们与 Internet 连接。当家电与 Internet 连接后，外出的人们就可以通过个人计算机、PDA 等设备对它们进行远距离遥控，便于人们随时了解家中状况，可以实现对家庭安全、家庭健康以及家庭能源的管理。而 IPv6 的自动地址配置功能可以使 IPv6 终端不必进行很多细节的配置就很容易地接入 Internet，实现真正的即插即用。

（3）移动互联网

IPv6 技术的大容量地址结构能够使每一个移动终端都获得全球唯一的 IP 地址，地址自动配置技术和强大的兼容性使手机、PDA 等移动终端能够快速连接到网络上，实现即插即用。IPv6 与移动通信的结合将为目前的互联网开拓一个全新的领域——移动互联网，它能提供语音、数据、视频融合的高品质及多样化的通信服务。

1.2.5 Internet 的主要信息服务

从功能上讲，Internet 的信息服务基本上可以分为三类：共享资源、交流信息以及发布和获取信息。下面介绍 Internet 提供的主要的信息服务。

1. 电子邮件服务

利用电子邮件（Electronic mail，E-mail），人们可以实现在 Internet 上互相传递信息。电子邮件是 Internet 上使用最为广泛的一种服务，许多用户使用 Internet 都是从使用电子邮件开始的。E-mail 的应用非常广泛，而且快捷、方便、省钱，E-mail 的作用不仅仅是用来写信，用户还可以将一条信息发送给多个收件人，传送包括文本、声音、影像和图形在内的多种信息。

在介绍电子邮件的工作过程之前，有必要先给出几个与电子邮件有关的基本概念。

（1）邮件服务器

邮件服务器即入网服务商（ISP）的邮件主机。它的作用相当于一个邮局，负责接收用户送来的邮件，并根据收件人地址将邮件发送到对方的邮件服务器中；同时负责接收由其他邮件服务器发来的邮件，并根据收件人地址分发到相应的电子邮箱中。

（2）电子邮箱

要想使用电子邮件，首先要有一个邮箱，即在邮件服务器的硬盘上为用户开辟一块专用的存储空间，用来存放该用户的电子邮件。用户在申请 Internet 账号时，ISP 会在其邮件服务器上为该用户设立一个固定的邮箱。

（3）电子邮件地址

每个电子邮箱在 Internet 上都有一个唯一的地址，称为电子邮件地址。它的格式是固定的：用户名@电子邮件服务器域名。其中用户名由英文字符组成，用于鉴别用户身份，又称为注册名，但不一定是用户的真实姓名，@读做 at，表示"在"的意思，电子邮件服务器域名是用户的电子邮箱所在的电子邮件服务器的域名。整个电子邮件地址的含义是"在某个电子邮件服务器上的某个用户"。

在 Internet 上发送和接收 E-mail 的过程，与传统的邮政信件的发送与接收过程十分相似。邮件并不是从发送者的计算机上直接送到接收者的计算机上，而是通过邮件服务器进行中转。它的具体工作过程如图 1-6 所示。

首先，发送方将写好的 E-mail 通过 Internet 传送到自己的邮件服务器，该邮件服务器根据收件人地址，将 E-mail 发送到接收方的邮件服务器中；若给出的收件人地址有

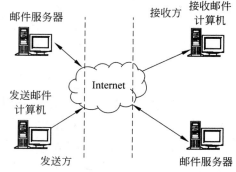

图 1-6　电子邮件的发送和接收过程

误,系统会将信退回并告知不能送达的原因;接收方的邮件服务器再根据收件人地址将 E-mail 分发到相应的电子邮箱中;最后,接收方通过 Internet 从自己的邮箱中读取邮件。

在以上过程中,向邮件服务器发送邮件时,使用的是简单邮件传输协议(Simple Mail Transfer Protocol,SMTP),这个协议是 TCP/IP 协议族中的一部分,它描述了邮件的格式以及传输时应如何处理。从邮件服务器中读取邮件时,使用的是邮局协议第三版(Post Office Protocol-Version 3,POP3),这个协议也是 TCP/IP 协议族中的一部分,它负责接收电子邮件。

通过电子邮件应用程序,可以发送与接收电子邮件并对电子邮件进行管理。收发电子邮件的软件很多,常用的有 Outlook Express、Netscape Messenger、Foxmail 等。其中, Outlook Express 是 Internet Explorer 的一个组件,也是目前使用最为广泛的电子邮件应用程序。有关 Outlook Express 的操作将在第 4 章加以介绍。

2. WWW 服务

WWW(World Wide Web)称为万维网。它采用超文本和超级链接技术提供面向 Internet 的服务,使用户可以自由地浏览信息或在线查阅所需的资料。WWW 系统的结构采用了客户机/服务器模式,信息资源以网页的形式存储在 Web 服务器中。例如,图 1-7 显示了清华大学的主页。用户通过客户端程序(浏览器)向 Web 服务器发出请求,Web 服务器再将用户所需的网页发送给客户端。WWW 客户端程序称为 WWW 浏览器,是用来浏览 Internet 上的网页的软件。第 3 章将介绍有关浏览器 Microsoft Internet Explore 6.0(IE 6.0)的操作。

图 1-7　清华大学的主页

3. 文件传输 FTP 服务

文件传输服务是 Internet 的传统服务之一。文件传输协议（File Transfer Protocol，FTP）为用户提供了从一台计算机到另一台计算机相互传输文件的机制，是用户获取 Internet 资源的方法之一。尽管可以使用电子邮件来传送文件，但电子邮件更适合于较短的文本，而许多较大的程序或数据文件需要用 FTP 服务来发送和接收。

FTP 服务采用典型的客户机/服务器工作模式，其工作过程如图 1-8 所示。远程提供 FTP 服务的计算机称为 FTP 服务器，它相当于一个大的文件仓库；用户本地的计算机称为客户机。文件从 FTP 服务器传输到客户机的过程称为下载；文件从客户机传输到 FTP 服务器的过程称为上传。

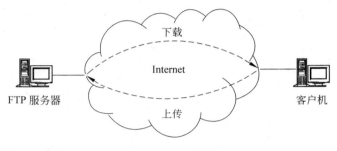

图 1-8　FTP 的工作过程

FTP 是一种实时的联机服务，工作时首先要登录到 FTP 服务器上，登录时用户要输入自己的用户名和密码，只有登录成功后才能访问 FTP 服务器并进行与文件搜索和文件传输有关的操作。对于没有账号的用户，许多 FTP 服务器提供了一种称为匿名 FTP 的服务，如果用户要访问提供匿名服务的 FTP 服务器，登录时可以用 anonymous 作为用户名，用 guest 或自己的电子邮件地址作为密码。

有关 FTP 的具体操作在第 6 章详细介绍。

4. 远程登录 Telnet 服务

远程登录是 Internet 提供的基本服务之一。利用远程登录，用户可以让自己的计算机暂时成为远程计算机的终端，从而直接调用远程计算机的资源和服务，满足自己的需要。通俗地讲，所谓远程登录，就是指用户可以通过自己的计算机进入到位于地球任意地方的连在 Internet 上的某台计算机的系统中（该计算机系统叫做"远程计算机"或"远程计算机系统"），就像使用自己的计算机一样使用该计算机系统，也就是说键盘、屏幕是你的，而真正运行的计算机是别人的。

若要登录远程计算机，首先要遵守远程终端协议，即 Telnet 协议。该协议是 TCP/IP 协议集的一部分，它详细定义了客户机与远程服务器之间的交互过程；其次，必须成为远程计算机系统的合法用户，并在远程计算机上拥有自己的账号（包括用户名与用户密码）或者该远程计算机提供的公开用户账号。

5. 信息讨论与公布服务

Internet 除了可以提供丰富的信息资源外，还可以为分布在世界各地的网络用户提供交换信息和发表观点以及发布信息的服务，Internet 的信息讨论与公布服务主要有两种：网络新闻和电子公告栏。

（1）网络新闻

网络新闻（Usenet）也称为新闻论坛，是可以自由参加和退出的专题讨论组。这里所谓的"新闻"，并不是通常意义上的传播媒体所提供的各种新闻，而是在网络上开展的对各种问题的讨论和交流。许多内容相关的新闻被组织在一起，形成一个个的新闻组，参与者对感兴趣的新闻组以电子邮件的形式提交个人的问题、意见和建议。图 1-9 所示的就是一个有关计算机编程的新闻组。

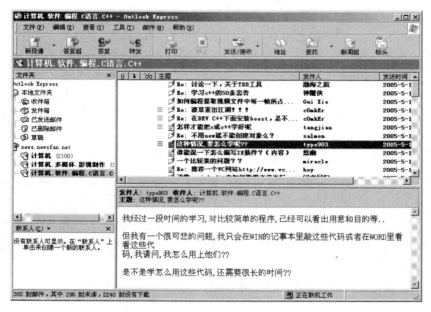

图 1-9　有关计算机编程的新闻组

加入新闻组是 Internet 上的一项重要活动，参与新闻组活动的网络用户可以通过新闻服务器以收发邮件的形式上网发布消息、下载信息，还可以针对某一主题展开讨论。在第 5 章介绍有关网络新闻的操作。

（2）电子公告栏

电子公告栏（Bulletin Board System，BBS）是目前比较流行的一种休闲性信息交流方式。在 BBS 上用户可以发布通知和消息，进行各种信息交流，图 1-10 所示即为水木清华的 BBS 站点。BBS 通常是由某个单位或个人提供的，用户可以根据自己的兴趣访问任何BBS，浏览论坛中发表的帖子，还可以利用 BBS 的留言功能发表自己的观点供其他用户参考。

有关电子公告栏的具体操作将在第 7 章详细介绍。

图 1-10　水木清华的 BBS 站点

本章小结

1．所谓计算机网络，是指将分布在不同地理位置的具有独立功能的多个计算机系统通过通信设备和通信线路相互连接起来，在网络软件的支持下实现数据传输和资源共享的计算机群体系统。

2．从系统功能的角度看，计算机网络主要由资源子网和通信子网两部分组成。

3．资源子网和通信子网的功能是不同的：通信子网主要完成网络信息的传输，保证信息在网络中从一端传到另一端；资源子网负责的是信息的处理，不关心信息是如何传输到对方的，而是负责在端主机上的处理。

4．计算机网络按照覆盖的地理范围来分类，一般可分为三类：局域网、城域网和广域网。

5．在网络层次结构模型中，层与层之间都有一个接口，每一层通过接口向它的上一层提供一定的服务；一台机器上的第 n 层与另一台机器上的第 n 层进行对话，对话的规则就是第 n 层协议，协议是通信双方关于通信如何进行达成的一致意见和约定。层和协议的集合就称为网络体系结构。

6．Internet 的中文译名为"因特网"，也称"国际互联网"。它是通过路由器（一种专用的网络设备）将分布在不同地区的、各种各样的网络以各种不同的传输介质和专用的计算机语言（协议）连接在一起的全球性的、开放的计算机互连网络。

7．Internet 主要由通信线路、路由器、主机和信息资源几个部分组成。

8．TCP/IP 协议是 Internet 的基础协议，凡是要接入 Internet 的计算机都必须遵循

TCP/IP 协议。

9. Internet 上的主机地址有两种表示形式：IP 地址和域名地址。

10. 从功能上讲，Internet 的信息服务基本上可以分为三类，即共享资源、交流信息以及发布和获取信息，主要包括电子邮件服务、WWW 服务、文件传输 FTP 服务、远程登录 Telnet 服务及信息讨论与公布服务等。

习题

1.1 什么是计算机网络？请说出计算机网络所连接的对象与连接介质。

1.2 计算机网络由哪些基本元素构成？

1.3 简述通信子网和资源子网的功能。

1.4 按照计算机网络覆盖的地理范围来划分，计算机网络可以分为哪几类？它们各自的特点是什么？

1.5 什么是网络体系结构？在计算机网络中，为什么需要网络协议？

1.6 Internet 采用的是哪种网络协议？

1.7 举例说明 Internet 所提供的信息服务。

第2章

连接 Internet

要使用 Internet 上的资源,用户必须使自己的计算机通过某种方式与 Internet 上的某一台服务器连接起来,否则无法获取网络中的信息。此时,用户面临的首要问题就是如何选择 Internet 的接入方式,即采用何种设备,通过什么接入网(Access network)接入 Internet。从根本上讲,接入 Internet 的方式是由接入网的类型决定的,常见的接入网主要有公共数据通信网(电信网)、计算机网络(局域网)、有线电视网以及无线通信网等,所以接入 Internet 的方式也是多种多样的,一般地讲,它们可以分为两类:单机连接方式和局域网连接方式。

本章重点介绍目前较为流行的几种 Internet 连接方式。

本章要介绍的内容有:

- 使用调制解调器拨号上网
- 通过局域网将计算机接入 Internet
- 通过 ADSL 接入 Internet

2.1　使用调制解调器拨号上网

使用调制解调器(Modem)通过电话线拨号上网,是最简单、最容易的上网方式,比较适合于个人、家庭用计算机。以拨号方式上网,用户必须要有一部电话。此外,还需要调制解调器。使用调制解调器的目的是解决以下问题:普通电话线只能传输模拟信号,计算机中的数字信号无法直接在普通的电话线上传输,而调制解调器可以对数字信号与模拟信号进行相互转换。在发送端,调制解调器将计算机中的数字信号转换成能够在电话线上传输的模拟信号,该过程叫做调制;在接收端,调制解调器将接收到的模拟信号转换成能够被计算机识别的数字信号,该过程叫做解调。

如前所述,虽然使用调制解调器通过电话线拨号上网是最简单、最容易的上网方式,但这种接入方式存在着明显的缺陷,主要表现为线路的可靠性不高、传输速率较低(最高可达 56kbps)、上网时占用电话线等。

在接入 Internet 之前,用户首先要选定一个 Internet 服务提供商(Internet Services Provider,ISP),以建立自己的计算机与 ISP 服务器的连接,此时用户需要从 ISP 处得到一些相关信息,主要包括拨号号码、用户名及用户密码。下面以 163 账号为例,介绍如何在 Windows XP 下建立拨号连接。

(1) 将调制解调器与计算机端口及电话线连接起来,启动计算机后安装调制解调器的驱动程序(过程从略)。

(2) 依次选择任务栏上的"开始"→"所有程序"→"附件"→"通信"→"新建连接向导"命令,打开"新建连接向导"对话框,如图 2-1 所示。

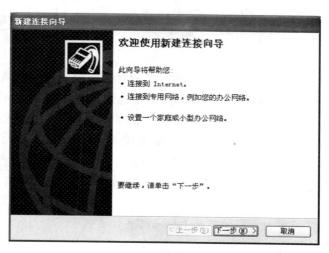

图 2-1 "新建连接向导"对话框

(3) 在"新建连接向导"对话框中,单击"下一步"按钮,弹出"网络连接类型"对话框,如图 2-2 所示。

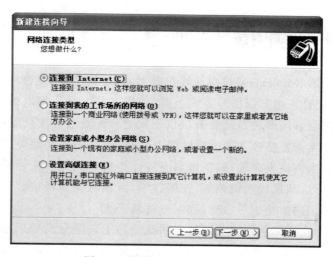

图 2-2 "网络连接类型"对话框

选定"连接到 Internet"单选按钮,单击"下一步"按钮,弹出"准备好"对话框,如图 2-3 所示。

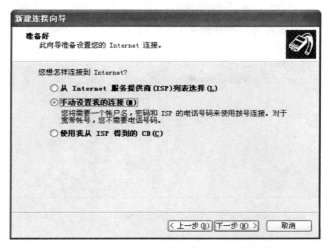

图 2-3 "准备好"对话框

(4) 在图 2-3 所示的"准备好"对话框中,单击"手动设置我的连接"单选按钮,单击"下一步"按钮,弹出"Internet 连接"对话框,如图 2-4 所示。

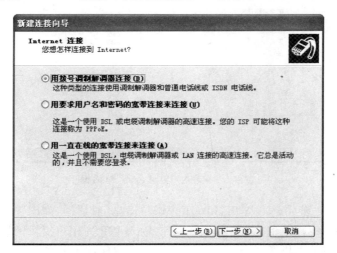

图 2-4 "Internet 连接"对话框

(5) 在"Internet 连接"对话框中,选定"用拨号调制解调器连接"单选按钮,单击"下一步"按钮,弹出"连接名"对话框,如图 2-5 所示。

(6) 在"连接名"对话框中,在"ISP 名称"文本框内输入当前所创建的连接名称,在此输入一个非常直观的名称:"Modem 连接"。单击"下一步"按钮,弹出"要拨的电话号码"对话框,如图 2-6 所示。

(7) 在"要拨的电话号码"对话框中,在"电话号码"文本框中输入 ISP 提供的拨号号

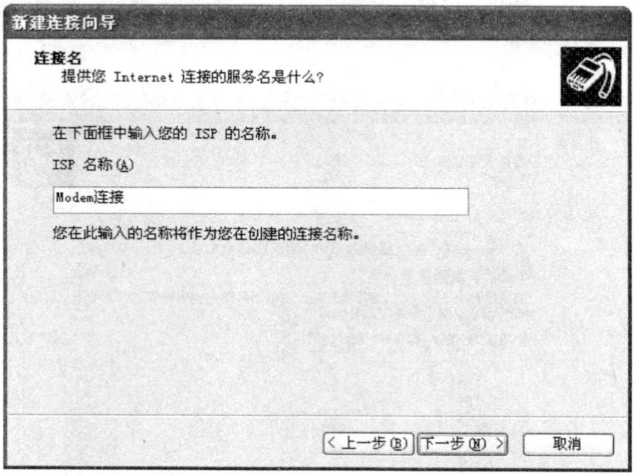

图 2-5　"连接名"对话框

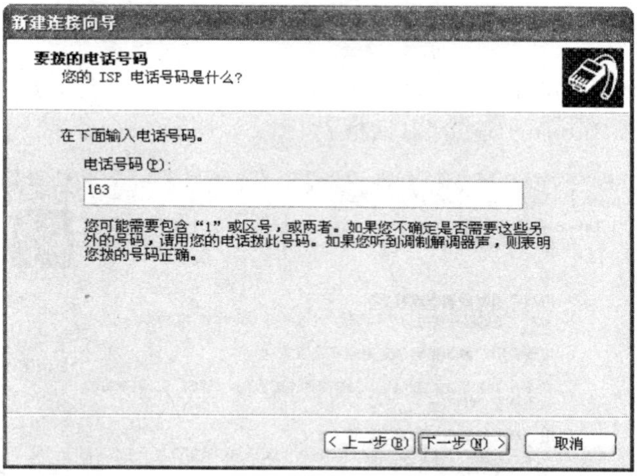

图 2-6　"要拨的电话号码"对话框

码：163。单击"下一步"按钮，弹出"Internet 账户信息"对话框，如图 2-7 所示。

（8）在"Internet 账户信息"对话框中，依次输入 ISP 为用户提供的用户名及密码。

若要使任何使用本机登录 Internet 的用户都有权使用该连接，可选中"任何用户从这台计算机连接到 Internet 时使用此账户名和密码"复选框。

当系统需要进行拨号时，若要使当前连接成为默认的拨号连接，可选中"把它作为默认的 Internet 连接"复选框。

单击"下一步"按钮，弹出"正在完成新建连接向导"对话框，如图 2-8 所示。

（9）在"正在完成新建连接向导"对话框中，显示了正在创建的 Internet 连接的相关信息，若要在桌面上创建该连接的快捷方式，可选中"在我的桌面上添加一个到此连接的快捷方式"复选框，单击"完成"按钮，完成创建该 Internet 连接的操作。

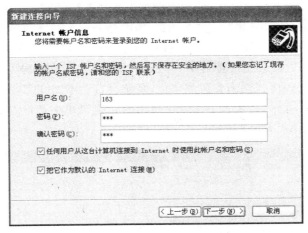

图 2-7 "Internet 账户信息"对话框

（10）双击桌面上 Internet 连接的快捷方式图标，弹出图 2-9 所示的 Internet 连接对话框，单击"拨号"按钮即可以进行连接。

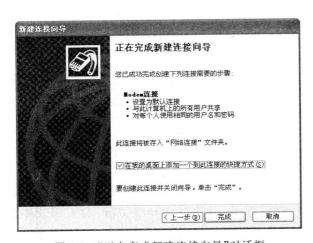

图 2-8 "正在完成新建连接向导"对话框

图 2-9 Internet 连接对话框

2.2 通过局域网将计算机接入 Internet

计算机接入 Internet 的方式既可以通过调制解调器拨号上网，也可以通过局域网接入。拨号上网是最简单、最容易的上网方式，比较适合个人、家庭用计算机；通过局域网上网时，可以借助一台代理服务器将多台计算机同时接入 Internet，适用于单位、学校及居民小区等场所，使用代理服务器除了可以接入 Internet 外，用户还可以通过访问服务器中保存的缓存来提高访问速度。

通过局域网将计算机接入 Internet,用户首先要从系统管理员处获得以下相关信息:本机 IP 地址、代理服务器 IP 地址、DNS 服务器 IP 地址、网关、子网掩码等。

下面介绍在 Windows XP 下通过局域网将计算机接入 Internet 的操作。

(1)将网卡正确地安装到计算机中并启动计算机,大多数情况下 Windows XP 能够自动安装网卡的驱动程序。网卡安装完毕后,系统会自动添加 TCP/IP 通信协议。

(2)右击桌面上的"网上邻居"图标,在弹出的快捷菜单中选取"属性"命令,打开"网络连接"窗口,如图 2-10 所示。

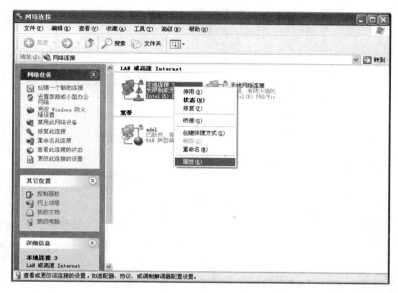

图 2-10　"网络连接"窗口

(3)"网络连接"窗口中右击"本地连接"图标,从弹出的快捷菜单中选择"属性"命令,弹出本地连接属性对话框,如图 2-11 所示。

(4)在本地连接属性对话框中,选择"常规"选项卡,在"此连接使用下列项目"列表框内选定"Internet 协议(TCP/IP)",单击"属性"按钮,弹出"Internet 协议(TCP/IP)属性"对话框,如图 2-12 所示。

(5)在"Internet 协议(TCP/IP)属性"对话框中,选定"使用下面的 IP 地址"单选按钮,按照网络管理员提供的信息,依次输入本机 IP 地址、子网掩码、默认网关及 DNS 服务器 IP 地址,单击"确定"按钮,返回到图 2-11 所示的本地连接属性对话框并关闭该对话框。

(6)依次执行 Windows XP 任务栏上的"开始"→"控制面板"菜单命令,打开"控制面板"窗口,双击"Internet 选项"图标,弹出"Internet 属性"对话框,如图 2-13 所示。在"连接"选项卡下,单击"局域网设置"按钮,弹出"局域网(LAN)设置"对话框,如图 2-14 所示。

(7)在"局域网设置"对话框中,在"地址"文本框和"端口"文本框内依次输入代理服务器的 IP 地址及端口号,单击"确定"按钮,完成设置操作。

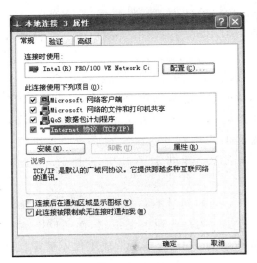

图 2-11　本地连接属性对话框

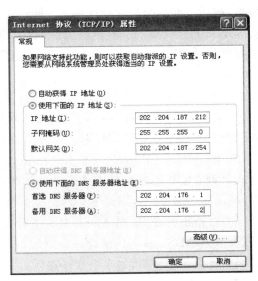

图 2-12　"Internet 协议（TCP/IP）属性"对话框

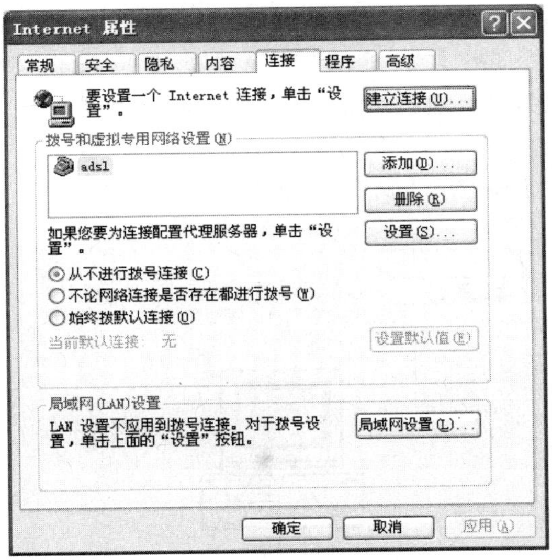

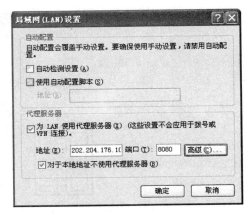

图 2-13　"Internet 属性"对话框

图 2-14　"局域网(LAN)设置"对话框

2.3　ADSL 接入 Internet

　　ADSL（Asymmetrical Digital Subscriber Loop）的中文名称为"非对称数字用户线环路"，是铜线接入技术 xDSL 的一种。ADSL 以普通电话线（铜双绞线）为传输介质，是目前最普及的宽带入网方式，因其具有下行速率高、频带宽等特点而深受广大用户的喜爱，是一种快捷高效的 Internet 接入方式。它采用一对普通电话线连接到用户的家中或办公室里,使用户在享受高速数据接入的同时不影响语音通信。所谓非对称性,主要体现在上行速率和下行速率的非对称性上,理论上 ADSL 的传输速率上行最高可达 1MBps,下行最高可达 8MBps。目前,北京网通实际开通的速率为上行速率 64kBps,下行速率 512kBps。

ADSL 接入互联网有两种主要方式:专线接入和虚拟拨号。专线接入由 ISP 提供静态 IP 地址、主机名称、DNS 等入网信息,软件的设置和安装局域网一样,由于这种方式占用 ISP 有限的 IP 地址资源,因此目前主要针对企业。虚拟拨号方式使用 PPPoE 协议软件(Point-to-Point Protocol over Ethernet,以太网上的点对点协议),然后按照传统拨号方式上网,由 ISP 分配动态 IP。由于 Windows XP 已经绑定了 PPPoE 协议,因此在 Windows XP 环境下,用户不必再安装虚拟拨号软件。

需要指出的是,虽然 ADSL 具有下行速率高、上网的同时不影响打电话、费用低廉等优点,但是 ADSL 技术仍然存在一定的不足,由于使用的是普通电话线路,而 ADSL 对电话线路质量要求较高,如果电话线路质量不好或线路受到干扰,则易造成工作不稳定或断线,而且传输距离较短,当用户与电话局的距离超过 2km 时,必须使用中继设备,这使得 ADSL 在偏远地区得不到普及。

ADSL 接入 Internet 之前,用户首先要添加以下设备:网卡、信号分离器(又叫滤波器)、ADSL Modem 以及两根两端做好 RJ11 头的电话线和一根两端做好 RJ45 头的双绞线网线;然后需要从 ISP 处得到一些相关信息,主要包括用户名和用户密码。

下面介绍 ADSL 接入 Internet 的操作。

(1) 安装网卡、信号分离器(滤波器)及 ADSL Modem 等硬件设备,如图 2-15 所示。

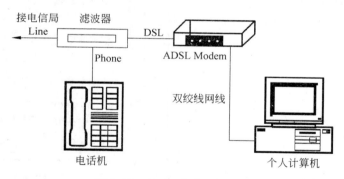

图 2-15　ADSL 安装原理图

安装信号分离器时,先将来自电信局端的电话线接入信号分离器的输入端,然后再用事先准备好的电话线一头连接信号分离器的语音信号输出口,另一端连接电话机。此时电话机已经能够接听和拨打电话了。信号分离器是用来分离电话线路中的高频数字信号和低频语音信号的。低频语音信号由分离器接入电话机,用来传输普通语音信息;高频数字信号则接入 ADSL Modem,用来传输上网信息。

安装 ADSL Modem 时,用事先准备好的另一根电话线把来自于信号分离器的 ADSL 高频信号接入 ADSL Modem 的 ADSL 插孔,将双绞线一头连接到 ADSL Modem 的

Ethernet 插孔,另一头连接到计算机网卡中的网线插孔。

打开 ADSL Modem 的电源并启动计算机,Windows XP 会检测到安装了新的硬件,同时启动"添加新硬件向导",安装相应的启动程序。

(2) 依次执行任务栏上的"开始"→"所有程序"→"附件"→"通信"→"新建连接向导"命令,打开"新建连接向导"对话框,如图 2-16 所示。

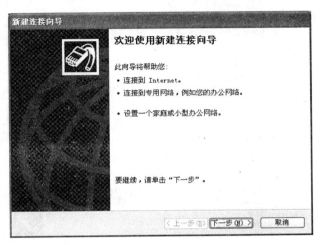

图 2-16 "新建连接向导"对话框

(3) 在"新建连接向导"对话框中,单击"下一步"按钮,弹出"网络连接类型"对话框,如图 2-17 所示。

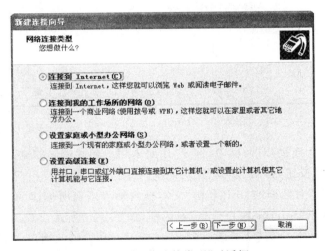

图 2-17 "网络连接类型"对话框

选定"连接到 Internet"单选按钮,单击"下一步"按钮,弹出"准备好"对话框,如图 2-18 所示。

(4) 在图 2-18 所示的"准备好"对话框中,选定"手动设置我的连接"单选按钮,单击"下一步"按钮,弹出"Internet 连接"对话框,如图 2-19 所示。

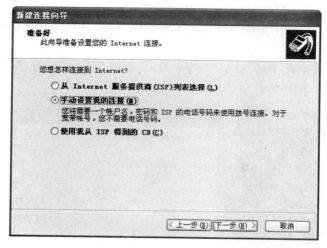

图 2-18 "准备好"对话框

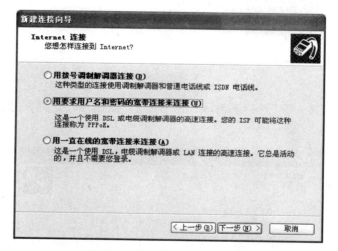

图 2-19 "Internet 连接"对话框

（5）在"Internet 连接"对话框中，选定"用要求用户名和密码的宽带连接来连接"单选按钮，单击"下一步"按钮，弹出"连接名"对话框，如图 2-20 所示。

（6）在"连接名"对话框的"ISP 名称"文本框内输入当前所创建的连接名称，单击"下一步"命令按钮，弹出"Interne 账户信息"对话框，如图 2-21 所示。

（7）在"Internet 账户信息"对话框中，依次输入 ISP 提供的用户名及密码，单击"下一步"按钮，弹出"正在完成新建连接向导"对话框，如图 2-22 所示。

（8）在"正在完成新建连接向导"对话框中，显示了正在创建的 Internet 连接的相关信息。若要在桌面上创建该连接的快捷方式，可选中"在我的桌面上添加一个到此连接的快捷方式"复选框，单击"完成"按钮，完成 ADSL 接入 Internet 的操作。

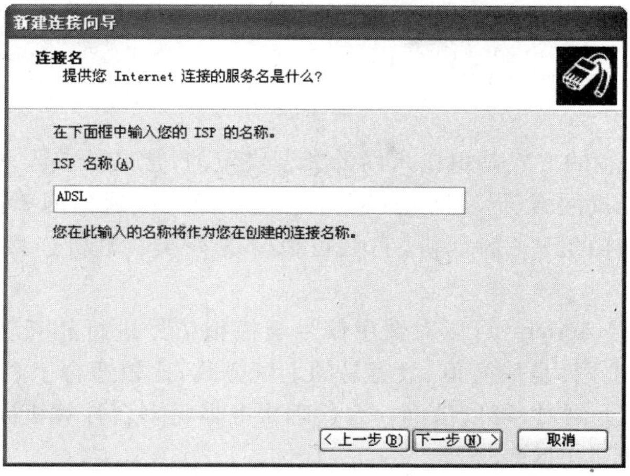

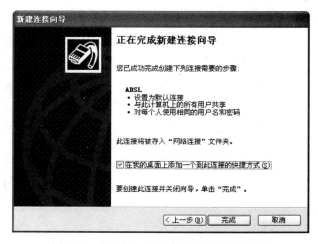

图 2-20 "连接名"对话框

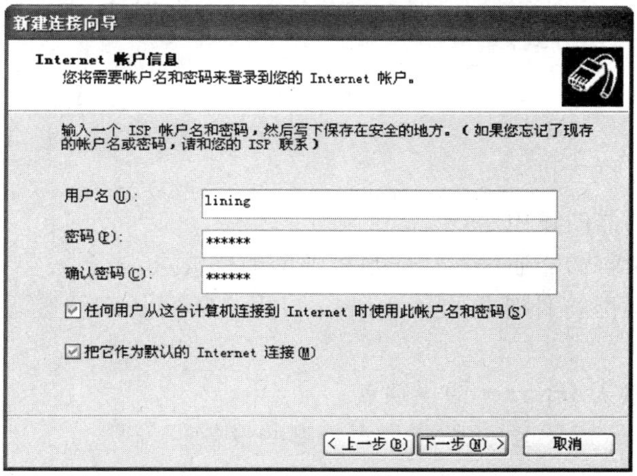

图 2-21 "Internet 账户信息"

图 2-22 "正在完成新建连接向导"对话框

本章小结

1. 接入 Internet 的方式是由接入网的类型决定的,常见的接入网主要有公共数据通信网(电信网)、计算机网络(局域网)、有线电视网以及无线通信网等,所以,接入 Internet 的方式也是多种多样的。一般地讲,它们可以分为两类:单机连接方式和局域网连接方式。

2. 调制解调器(Modem)可以对数字信号与模拟信号进行相互转换。使用调制解调器通过电话线拨号上网,是最简单、最容易的上网方式,比较适合于个人、家庭用计算机。

3. 通过局域网上网时,可以借助一台代理服务器将多台计算机同时接入 Internet,适用于单位、学校及居民小区等场所。

4. ADSL(Asymmetrical Digital Subscriber Loop)的中文名称为"非对称数字用户线环路",是铜线接入技术 xDSL 的一种。ADSL 以普通电话线(铜双绞线)为传输介质,是目前最普及的宽带入网方式。

习题

2.1 简述调制解调器的作用。

2.2 简述使用调制解调器通过电话线拨号上网的优缺点。

2.3 要想通过局域网将计算机接入 Internet,用户需要从系统管理员处获得哪些相关信息?

2.4 简述 ADSL 接入 Internet 的优缺点。

2.5 ADSL 接入 Internet 时,用户需要添加哪些设备?

第3章

使用浏览器进行 WWW 浏览

用户与 Internet 建立连接后,就可以利用 Internet 上的信息资源了,如果要浏览或查找网上的信息还需要借助浏览器。所谓浏览器,实质上就是一个客户端程序,它主要用来浏览万维网上的信息或在线查阅所需的资料。常见的浏览器主要有 Microsoft 公司的 Internet Explorer 以及 Netscape 公司的 Netscape Navigator 等。本教材将以目前普遍使用的浏览器软件 Microsoft Internet Explore 6.0(IE 6.0)为例,详细介绍浏览 WWW 的技巧。

本章要介绍的内容有:

- WWW 的基本概念
- 了解 WWW 浏览器 Internet Explore 6.0
- 浏览 WWW 资源的技巧
- 使用收藏夹和链接栏快速访问常用 Web 页
- 设置 IE 的安全特性

3.1 WWW 概述

3.1.1 了解与 WWW 有关的基本概念

1. 什么是 WWW

WWW(World Wide Web)称为万维网,是建立在 Internet 上的一种多媒体集合。它的出现是 Internet 发展史上的一个里程碑。WWW 以超文本标注语言 HTML(Hyper Text Mark Language)与超文本传输协议 HTTP(Hyper Text Transfer Protocol)为基础,为用户提供面向 Internet 的服务。

要想了解 WWW,首先要了解超文本(Hypertext)的基本概念,因为它是 WWW 的信息组织形式。所谓超文本,实际上是一种电子文档,其中的文字包含可以链接到其他字段或者文档的超文本链接,允许从当前阅读位置直接切换到超文本链接所指向的位置。超文本通常使用超文本标记语言 HTML 编写。HTML 是一种描述文档结构的语言,它使用描述性的标记符(称为标签)来指明文档的不同内容。"超文本"这个词在早期的英语词典里并不存在,是由美国人泰德·纳尔逊(Ted Nelson)于 1965 年杜撰的,后来超文本一词得到世界的公认。

2. WWW 浏览器

WWW 系统的结构采用了客户机/服务器模式,信息资源以网页的形式存储在 Web 服务器中,用户通过客户端程序(浏览器)向 Web 服务器发出请求,再由 Web 服务器将用户所需的网页发送给客户端。WWW 客户端程序称为 WWW 浏览器,它是用来浏览 Internet 上的网页的软件,常见的浏览器主要有 Internet Explorer、Netscape Navigator 等。通过浏览器,我们就可以得到 WWW 上各种图文并茂的画面,并通过超链接的方法,得到远方的文字、声音、图片等资料。

3. 什么是网页

在 WWW 环境中,信息是以网页(也称 Web 页)的形式显示的。网页实际上是一个文件,它存放在某一台计算机中,而该台计算机必须是与互联网相连的。网页由网址(URL)来识别与存取,当用户在浏览器上输入网址后,经过一段复杂而又快速的程序,网页文件会被传送到用户的计算机,然后通过浏览器解释网页的内容,最后展示到用户的眼前。网页一般由文字和图片构成,复杂一些的网页还会有声音、图像、动画等多媒体内容。几乎所有的网页都包含链接,可以方便地跳转到其他相关网页或相关网站。

为了对网页有一个更直观的认识,可以在 IE 中打开某个网页后,在网页上右击,选择快捷菜单中的"查看源文件"命令,通过记事本程序查看网页的实际内容。可以看到,网页实际上只是一个纯文本文件,它通过各式各样的标记对页面上的文字、图片、表格、声音等元素进行描述(如字体、颜色、大小),而浏览器则对这些标记进行解释并生成页面,于是就得到用户所看到的画面了。

4. 统一资源定位器

万维网 WWW 中含有数量众多的网页(也称 Web 页),可以使用统一资源定位器 URL(Uniform Resource Locator,URL)指定想要查看的 Web 页或某一个位置。URL 不仅给出了要访问的资源类型和资源地址,而且还提供了访问的方法,所以,URL 描述的是如何访问文档、文档在哪里,以及文档叫什么名称。

URL 的基本格式为:协议://主机域名或 IP 地址/路径/文件名。其中,协议表明了访问资源的方法,协议后的//表示远程登录,要访问的主机既可以用域名也可以用 IP 地址来表示,路径和文件名表明了要访问的文档名称和存放的文件夹。在 URL 中,路径和文件名不是必需的,有时可以忽略,此时要访问的文档一般是 index. html。

URL 中常用到的协议有:

(1) HTTP 协议:超文本传输协议,表示访问和检索 Web 服务器上的文档。

(2) FTP 协议:文件传输协议,表示访问 FTP 服务器上的文档。

(3) Telnet 协议:表示远程登录到某服务器。

在此不详细介绍 URL 的语法结构,只给出几个示例加以说明。

URL 示例:

http:∥www. pconline. com. cn/mobile/7752. html 表示使用超文本传输协议
(HTTP),访问域名为 www. pconline. com. cn 的主机上 mobile 文件夹中名为 7752. html
的文档。

http:∥202. 204. 190. 3/newbook/a33. html 表示使用超文本传输协议(HTTP),访
问 IP 地址为 202. 204. 190. 3 的主机上 newbook 文件夹中名为 a33. html 的文档。

ftp:∥ftp. cpums. edu. cn/incoming/Movies/a1. html 表示使用文件传输协议
(FTP),访问域名为 ftp. cpums. edu. cn 的主机上 incoming/movies 文件夹中名为 a1.
html 的文档。

3.1.2 了解 WWW 浏览器——Internet Explore

1. 目标与任务分析

浏览器是 Internet 的主要客户端软件,它主要用来浏览万维网上的信息或在线查阅
所需的资料。本任务将要介绍的是目前普遍使用的浏览器软件 Microsoft Internet
Explore 6.0(IE 6.0),包括浏览器的启动及窗口组成等内容。

2. 操作思路

Internet Explore 是嵌入到 Windows 操作系统中的程序,可以像启动一般应用程序
那样启动 Internet Explore。该程序启动后也是以窗口的形式出现的,其窗口的外观与其
他应用程序窗口的外观基本相同,在此只介绍该程序窗口与其他程序窗口的不同之处。
本任务的重点在于介绍与浏览相关的概念:超文本和超级链接以及统一资源定位器。

3. 操作步骤

(1) 可以采用以下方法启动 Internet Explore:

- 双击桌面上的 IE 图标。
- 依次执行任务栏上的"开始"→"所有程序"→"Internet Explore"菜单命令。
- 单击任务栏上"快速启动工具栏"中的 IE 图标。

IE 启动后,其程序窗口如图 3-1 所示。

从图 3-1 中可以看出,IE 窗口与其他应用程序窗口的外观基本相同,由标题栏、菜单
栏、工具栏、地址栏、链接栏、主窗口、状态栏、滚动条等元素组成。下面简要介绍组成窗口
的各个元素。

- 标题栏:在标题栏上可以显示当前正在浏览的网页的名称。
- 菜单栏:位于标题栏的下方,IE 6.0 的菜单栏中共有"文件"、"编辑"、"查看"、"收
  藏"、"工具"和"帮助"等 6 个选项,利用这些菜单命令,可以完成 IE 6.0 中几乎所
  有的操作。
- 工具栏:位于菜单栏下方的工具栏上有许多小按钮,每个按钮代表一个操作命

菜单栏　　　标题栏

工具栏

地址栏

链接栏

主窗口

滚动条

状态栏

图 3-1　IE 6.0 程序窗口

令,只需单击这些按钮即可进行各种操作。如果不知道某个按钮的功能,只需将鼠标指针放在该按钮上,马上就会显示该按钮的名称。IE 6.0 的工具栏上排列出"前进"、"后退"、"停止"、"刷新"、"主页"、"搜索"、"收藏"和"历史"等工具按钮,单击某一个按钮即可方便地实现相应的功能。

- 链接栏:用户可以在此保存常用 Web 页的快捷方式,以便提高浏览速度。
- 主窗口:在此显示所选 Web 页的内容。图 3-1 的主窗口中显示了"首都医科大学主页"。
- 地址栏:用于输入和显示当前浏览器所浏览的网页地址。用户只有在此输入要浏览的 Web 页地址(即统一资源定位器 URL)并按 Enter 键后才能浏览。图 3-1 的地址栏中输入的 URL 为 http://www.cpums.edu.cn。
- 状态栏:位于窗口底部,可显示 IE 的当前状态。
- 滚动条:分为垂直滚动条和水平滚动条,分别位于窗口的右侧和底部。滚动条两端有滚动箭头,单击该箭头即可上下左右移动文本,滚动条中间有滚动块,拖动该滚动块,文本将快速移动。

(2) 在图 3-1 所示的窗口中移动鼠标时可以发现,当鼠标指向某些文本时,鼠标指针会变为手指形,这表明该文本为超文本(Hypertext),含有指向其他网页的超级链接,单击后即可跳转到另一个 Web 页进行访问。

通过这种方式,用户可以非常方便地从一个网页跳转到 Internet 上的其他网页随意浏览,而不必预先知道该网页的 URL 地址,这对浏览操作来说是非常方便的。

4. 归纳分析

浏览器主要用来浏览万维网上的信息,或在线查阅所需的资料。本任务主要介绍目前普遍使用的浏览器软件 Microsoft Internet Explore 6.0(IE 6.0)。

所谓超文本(Hypertext),是指不仅含有文本信息,而且还含有图形、声音、视频等多媒体信息的文本,最重要的是,它还含有指向其他网页的链接。通过超文本,用户可以方便地从一个网页跳转到 Internet 上的其他网页,超文本可以说是 Internet 上实现浏览的基础。URL 的基本格式为:协议://主机域名或 IP 地址/路径/文件名。URL 不仅给出了要访问的资源类型和资源地址,而且还提供了访问的方法。

3.2 浏览 WWW 资源

3.2.1 Internet Explore 的基本操作

1. 目标与任务分析

Microsoft Internet Explore 是常用的浏览器软件。本任务主要介绍与 IE 有关的基本操作,主要包括访问清华大学的网站并将该网站设置为 IE 的主页、保存并打印指定的 Web 页、保存 Web 页中的图片和文本以及设置 Internet 历史文件等操作。

2. 操作思路

本任务所涉及的操作,都可以通过 IE 窗口的菜单命令或工具栏上的按钮来完成。

3. 操作步骤

(1)打开 IE 浏览器,在地址栏中输入 Web 地址后,按 Enter 键或单击地址栏右端的"转到"按钮,等候片刻后即可进入要访问的 Web 站点。

本任务中在 IE 地址栏中输入清华大学的网址 http://www.tsinghua.edu.cn,然后按 Enter 键,清华大学的主页即被打开,如图 3-2 所示。

(2)在图 3-2 所示的窗口中,将鼠标指向"人才培养"链接点,此时鼠标指针变为手指形,单击后即可跳转到新的 Web 页"人才培养",如图 3-3 所示。

在图 3-3 所示的"人才培养"Web 页中,单击工具栏上的"后退"按钮,即可返回到图 3-2 所示的清华大学主页。此时在清华大学主页中,单击工具栏上的"前进"按钮即可返回到图 3-3 所示的"人才培养"Web 页。

(3)主页是指每次启动 IE 后,最先显示的 Web 页。为了节约时间,可以将自己喜爱的 Web 页或频繁访问的 Web 页设置为主页。在此将正在访问的清华大学网站设置为 IE 的主页,依次执行菜单栏上的"工具"→"Internet 选项"菜单命令,弹出"Internet 选项"对话框,如图 3-4 所示,在"主页"栏中单击"使用当前页"按钮,此时"地址"文本框中将自动

图 3-2　清华大学的主页

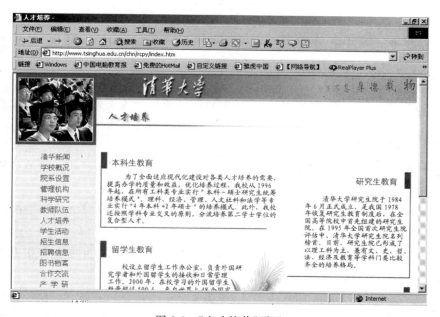

图 3-3　"人才培养"页面

粘贴当前 Web 页的地址 http：//www.tsinghua.edu.cn。

在图 3-4 中，如果单击"使用默认页"按钮，则"地址"文本框中自动粘贴 Microsoft 公司的网址；单击"使用空白页"按钮，则启动 IE 后，不显示任何 Web 页，只显示空白的 IE 窗口；如果要将其他的 Web 页作为主页，可在"地址"文本框中输入其网址。

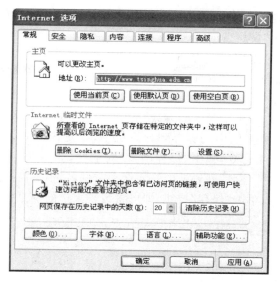

图 3-4 "Internet 选项"对话框

（4）在进行 WWW 浏览时，IE 会按日期自动保存访问过的网页地址，以备查用，所保存的网页就是历史文件。历史文件保存在计算机的本地硬盘中，灵活利用历史文件可以提高浏览的效率。

图 3-2 所示的窗口中，单击工具栏上的"历史"按钮，在 IE 窗口的左侧就会出现"历史记录"窗格，如图 3-5 所示，单击指定日期的文件夹图标，进入下一级文件夹，单击访问过的网页地址图标即可自动链接到该网页进行浏览。

图 3-5 "历史记录"窗格

单击"历史记录"窗格右上角的"关闭"按钮或再次单击 IE 窗口工具栏上的"历史"按钮,可以关闭"历史记录"窗格。

(5) 用户可以根据需要设置历史文件的属性。依次执行菜单栏上的"工具"→"Internet 选项"菜单命令,弹出"Internet 选项"对话框,如图 3-4 所示,在"历史记录"栏中单击"清除历史记录"命令按钮即可清除所有的历史记录。系统默认保留历史记录的时间为 20 天,在"网页保存在历史记录中的天数"框中,用户可自定义历史记录保存的天数。

(6) 用户可以将感兴趣的网页保存到计算机中,以便日后浏览。依次执行菜单栏上的"文件"→"另存为"菜单命令,弹出"保存网页"对话框,如图 3-6 所示,选择要保存文件的驱动器和文件夹,在"文件名"列表框中输入保存文件名,根据需要在"保存类型"列表框中选择保存文件的类型,单击"保存"按钮,即可将清华大学的网页保存到计算机中。

图 3-6 "保存网页"对话框

(7) 如果要阅读保存的网页,只需依次执行菜单栏上的"文件"→"打开"菜单命令,弹出如图 3-7 所示的"打开"对话框,在"打开"列表框中输入所保存文件的路径,或单击"浏览"按钮,在弹出的 Microsoft Internet Explore 对话框中指定要打开的文件,单击"确定"按钮,即可打开保存的网页。

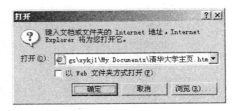

图 3-7 "打开"对话框

(8) 如果要保存 Web 页中的一幅图片,可右击要保存的图片,在弹出的快捷菜单中选择"图片另存为"选项,如图 3-8 所示。在出现的"保存图片"对话框中选择保存图片的驱动器和文件夹,输入要保存的图片的文件名,单击"保存"按钮,即可将选定的图片保存到指定的位置。

如果要保存 Web 页中的文本,可按住鼠标左键拖动,选定要保存的文本并右击,在弹出的快捷菜单中选择"复制"选项,将选定的文本复制到剪贴板中,然后打开任何一种字处

图 3-8　保存 Web 页中的图片

理软件(如 Word),将剪贴板中的内容粘贴到该字处理软件中保存起来。

(9)用户还可以将感兴趣的网页打印输出。

在打印之前,首先要对页面进行设置,依次执行菜单栏上的"文件"→"页面设置"菜单命令,弹出"页面设置"对话框,如图 3-9 所示,根据需要在该对话框中设置所需项目,单击"确定"按钮,完成设置操作。

单击 IE 窗口工具栏上的"打印"按钮或依次执行菜单栏上的"文件"→"打印"菜单命令,即可将指定的网页打印输出。

(10)对于一个感兴趣的网页,用户除了可以打印输出外,还可以通过电子邮件将其发送给自己的亲朋好友共享。

依次执行菜单栏上的"文件"→"发送"→"电子邮件页面"菜单命令,打开如图 3-10 所示的"发送电子邮件"窗口,在"发件人"文本框中输入收件人的电子邮件地址,单击工具栏上的"发送"按钮,即可将当前的 Web 页发送出去。

图 3-9　"页面设置"对话框

4. 归纳分析

本任务介绍了与 IE 有关的基本操作,这些操作在 Internet 浏览中非常有用,要认真掌握。

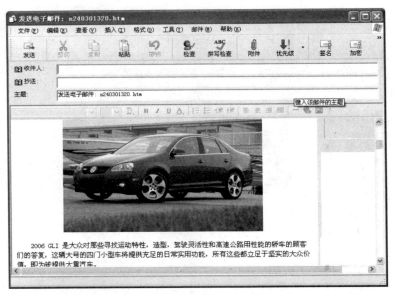

图 3-10　"发送电子邮件"窗口

通过单击 IE 窗口工具栏上的"后退"和"前进"按钮,可以方便地回到曾经访问过的页面;为了节约时间,可以将自己喜爱的 Web 页或频繁访问的 Web 页设置为主页;灵活运用历史文件可以提高浏览的效率,可以根据需要设置历史文件的属性;用户可以将感兴趣的网页保存到计算机中,以便日后阅读,还可以将感兴趣的网页打印输出,或将该 Web 页发送给自己的朋友。

3.2.2　使用收藏夹和链接栏快速访问常用 Web 页

1. 目标与任务分析

在 3.2.1 小节中已经指出,为了节约时间和费用,可以将频繁访问的 Web 页设置为主页。本任务主要解决以下问题:如果需要频繁访问的 Web 页不止一个,如何快速地访问这些 Web 页。

2. 操作思路

除了将常用 Web 页设置为主页的方法外,还可以使用收藏夹和链接栏,在其中建立指向常用 Web 页 URL 地址的快捷方式,快捷方式建立后,用户只需单击收藏夹或链接栏上的快捷方式图标即可快速访问这些 Web 页。本任务中,以首都医科大学网站的首页为例,介绍使用收藏夹和链接栏快速访问常用 Web 页的操作方法。

3. 操作步骤

首先介绍在收藏夹中创建 Web 页地址快捷方式的操作。

(1) 启动 IE 后,在地址栏输入首都医科大学网站的地址 http;//www.cpums.edu.

cn,打开该网站的主页,单击 IE 窗口工具栏上的"收藏"按钮,在窗口的左侧打开收藏夹窗格,如图 3-11 所示。

图 3-11 窗口的左侧打开收藏夹窗格

(2) 单击收藏夹窗格左上角的"添加"按钮或依次执行菜单栏上的"收藏"→"添加到收藏夹"菜单命令,弹出如图 3-12 所示的"添加到收藏夹"对话框。

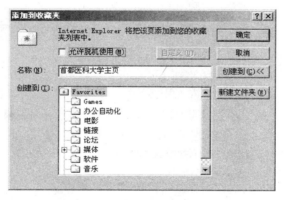

图 3-12 "添加到收藏夹"对话框

从图 3-12 中可以看出,要保存的 Web 页名称为当前页的标题,也可以输入该页的新名称。收藏夹下含有若干个子文件夹,要将 Web 页地址保存到某个文件夹中,先单击选定该文件夹图标,然后单击"确定"按钮,即可将"首都医科大学主页"的地址保存到指定的文件夹中。

(3) 如果要将 Web 页地址保存到新的文件夹中,可单击图 3-12 所示对话框中的"新建文件夹"按钮,弹出如图 3-13 所示的"新建文件夹"对话框,在"文件夹名"文本框中输入新建文件夹的名称,在此为新建文件夹起名为"常用网页"。单击"确定"按钮,返回到如图 3-12 所示的"添加到收藏夹"对话框,此时可以发现,在收藏夹下新添了一个名为"常用网页"的子文件夹,且该文件夹处于选定状态。

(4) 在收藏夹中创建 Web 页地址快捷方式后,用户就可以通过收藏夹来快速访问该 Web 页了。

图 3-13 "新建文件夹"对话框

启动 IE 后,单击 IE 窗口工具栏上的"收藏"按钮,在窗口的左侧打开收藏夹窗格,如图 3-14 所示,在收藏夹窗格中,首先选定保存 Web 页地址的文件夹,在此选定"常用网页"文件夹,然后在该文件夹下选定"首都医科大学主页",IE 就会自动跳转到相应的 Web 页。

图 3-14 通过收藏夹快速访问 Web 页

(5) 当收藏夹中的内容过多时,用户在收藏夹中查找某一网页的地址会比较困难,此时可以利用 IE 提供的收藏夹整理功能进行整理操作。

依次执行菜单栏上的"收藏"→"整理收藏夹"菜单命令,弹出如图 3-15 所示的"整理收藏夹"对话框,该对话框的右侧显示的是收藏夹列表,左侧显示"创建文件夹"、"重命名"、"移至文件夹"和"删除"等四个按钮。

单击"创建文件夹"按钮,将在收藏夹列表中创建一个新的文件夹,默认名称为"新建文件夹",用户可输入新的名称后按 Enter 键确认。

在右侧的收藏夹列表中选定某一文件夹或 Web 页,单击"重命名"按钮,可对选定的收藏项进行重命名操作。

在右侧的收藏夹列表中选定某一文件夹或 Web 页,单击"移至文件夹"按钮,弹出如

图 3-16 所示的"浏览文件夹"对话框,选定要移动的目标文件夹,单击"确定"按钮,返回图 3-15 所示的"整理收藏夹"对话框,单击"关闭"按钮,即可将选定的收藏项移动至目标文件夹中。

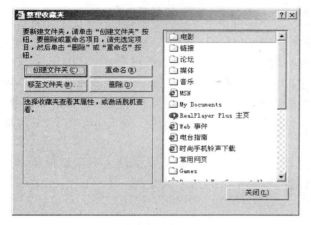 

图 3-15 "整理收藏夹"对话框   图 3-16 "浏览文件夹"对话框

在右侧的收藏夹列表中选定某一文件夹或 Web 页,单击"删除"按钮,即可将选定的收藏项删除。

下面介绍在链接栏中创建 Web 页地址快捷方式的操作。

(1)如果在 IE 窗口中没有出现链接栏,可依次执行菜单栏上的"查看"→"工具栏"→"链接"菜单命令,为 IE 窗口添加链接栏。

(2)打开要在链接栏上创建快捷方式的 Web 页,直接将地址栏中的 Web 页图标拖放到链接栏,即可在链接栏中创建该 Web 页地址的快捷方式。以后用户只需单击链接栏中的图标即可打开该 Web 页。

(3)如果要删除链接栏中的快捷方式图标,可右击要删除的快捷方式图标,从弹出的快捷菜单中选取"删除"选项。

4.归纳分析

本任务介绍了使用收藏夹和链接栏快速访问常用 Web 页的操作方法。所谓"收藏夹",实际上就是在计算机本地硬盘中的一个名为 Favorites 的文件夹,在其中保存的是指向 Web 页地址的快捷方式。把常用的 Web 页添加到收藏夹列表后,用户只需单击收藏项即可打开相应的 Web 页。用户还可以把常用 Web 页地址的快捷方式图标放到链接栏中,使用时只需单击链接栏中的 Web 页图标即可打开指定的 Web 页。

在实际工作中,经常有大量的 Web 页需要频繁地访问,可以将本任务和设置 IE 主页的操作结合起来,灵活地设置快速访问常用 Web 页的操作:应当将最常用的 Web 页设为 IE 的主页(只能有一个);将少量的常用 Web 页地址放到链接栏中;将其他的常用 Web 页添加到收藏夹中。

读者可以自己试一试,将地址栏中的 Web 页图标用鼠标右键拖动到桌面,在弹出的快捷菜单中选择"在当前位置创建快捷方式"选项,双击桌面上建立的快捷方式图标,可立即打开该 Web 页,而不必等待浏览器主页打开。

3.2.3　设置 IE 的安全特性

1. 目标与任务分析

为了使 IE 浏览器具有更好的互动性,设计集成了很多开放性的技术,因此 IE 就成为了病毒、黑客、恶意网站最为"照顾"的对象。例如,有些网站会加入一些恶意代码或 Java 程序,如果对浏览器的设置不当,就有可能导致计算机死机、感染病毒或硬盘被格式化等。除此之外,带有淫秽、暴力等内容的网页,随着网络的发展也充斥于 Internet 之中,对未成年人的成长产生了极坏的影响。

总之,随着 Internet 的日益普及,上网用户逐渐增多,如何安全地上网就显得越发重要。本任务将围绕以上问题介绍如何设置 IE 浏览器的安全特性。

2. 操作思路

设置 IE 浏览器的安全特性大体上可以分为两步:首先,用户可以利用 IE 提供的安全设置选项来防止各种破坏活动;然后,用户可以下载安装各种专用程序(如 3721 网站提供的上网助手、超级兔子等)对 IE 进行保护。

本任务中仅对第一种操作进行介绍。

3. 操作步骤

(1) 在 IE 窗口中,依次执行菜单栏上的"工具"→"Internet 选项"菜单命令,弹出"Internet 选项"对话框。

(2) 在"Internet 选项"对话框中单击"安全"选项卡,如图 3-17 所示。IE 将 Web 内容分为 Internet、"本地 Intranet"、"受信任的站点"和"受限制的站点"四个安全区域。默认情况下,IE 将所有站点放在 Internet 区域并设置中等程度的安全级别加以保护,用户可以将完全信任的 Web 站点放入到"受信任的站点"区域,而对于一些恶意网站,则可将其放到"受限制的站点"区域中。

(3) 在"请为不同区域的 Web 内容指定安全设置"栏中,选定"受限制的站点",单击"站点"按钮,弹出如图 3-18 所示的"受限站点"对话框,在"将该网站添加到区域中"文本框内输入恶意网站的地址,单击"添加"按钮,将该恶意网站的地址添加到

图 3-17　"Internet 选项"对话框

"网站"列表框内,单击"确定"按钮,返回到图 3-17 所示的"Internet 选项"对话框。

（4）在"Internet 选项"对话框中,单击"自定义级别"按钮,弹出如图 3-19 所示的"安全设置"对话框,在"重置为"列表框中将受限制的站点的安全级别设置为"高",单击"确定"按钮。

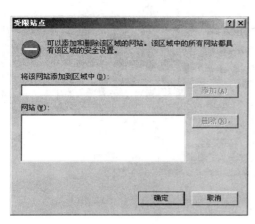

图 3-18 "受限站点"对话框

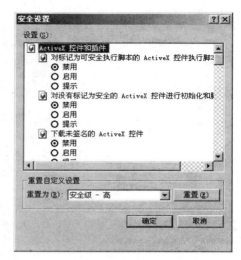

图 3-19 "安全设置"对话框

重复以上操作步骤,添加"受信任的站点"并将其安全级别设置为"中"。

（5）为了避免未成年人受到带有淫秽、暴力等不良内容的网页的影响,可以使用 Internet Explorer 提供的分级审查功能。

在图 3-17 所示的"Internet 选项"对话框中,单击"内容"选项卡,如图 3-20 所示,单击"启用"按钮。

（6）弹出"内容审查程序"对话框中,如图 3-21 所示,在"级别"选项卡下,选定审查类别为"暴力",利用对话框下方的滑块设置用户可查看哪些内容。重复以上步骤,分别设置审查类别为"裸体"、"性"和"语言"时用户可查看的内容。

（7）在"内容审查程序"对话框中单击"常规"选项卡,如图 3-22 所示。单击"创建密码"按钮,弹出"创建监督人密码"对话框,如图 3-23 所示,依次输入密码和确认密码,单击"确定"按钮。

设置密码后,只有知道密码的人才能查看审查类别的全部内容。

4. 归纳分析

本任务详细介绍了设置浏览器 IE 安全特性的操作。随着 Internet 的日益普及,不道德的网页越来越多,一些不法分子为了增加自己网站的点击率而在网页中散布大量的淫秽、暴力内容,还传播病毒对上网用户进行攻击,甚至强行更改上网用户的 IE 首页。在这种情况下,如何安全地上网就显得越发重要。

用户利用 IE 提供的安全设置选项,通过设置"受限制的站点"和"受信任的站点"并将"受限制的站点"的安全级别适当加高,就可以对不同的网站进行不同的对待。那些不良

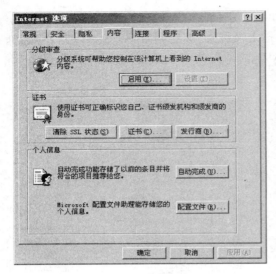

图 3-20　"内容"选项卡

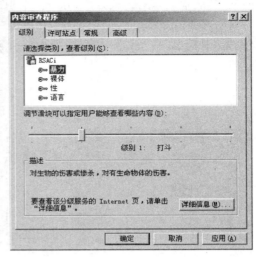

图 3-21　"内容审查程序"对话框

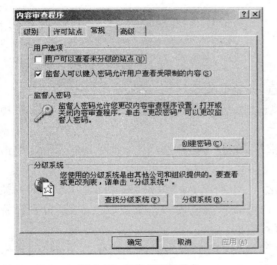

图 3-22　"常规"选项卡

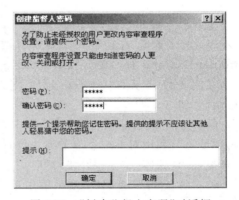

图 3-23　"创建监督人密码"对话框

网站因为进不了"受信任的站点"区域,其恶意代码就会受到 IE 的扼制而不起作用,从而有效扼制各种破坏活动。

用户还可以利用 IE 提供的分级审查功能将网络上的不良信息加以屏蔽,从而防止未成年人受到不良信息的影响。

本章小结

1. WWW(World Wide Web)称为万维网,它以超文本标记语言 HTML(Hyper Text Mark Language)与超文本传输协议 HTTP(Hyper Text Transfer Protocol)为基础,为用

户提供面向 Internet 的服务。

2. WWW 系统的结构采用了客户机/服务器模式,信息资源以网页的形式存储在 Web 服务器中,用户通过客户端程序(浏览器)向 Web 服务器发出请求,再由 Web 服务器将用户所需的网页发送给客户端。

3. 可以使用统一资源定位器(Uniform Resource Locator,URL)指定想要查看的 Web 页或某个位置,URL 的基本格式为:协议:∥主机域名或 IP 地址/路径/文件名。

4. Internet Explore 是嵌入到 Windows 操作系统中的程序,可以像启动一般应用程序那样启动 Internet Explore,该程序启动后也是以窗口的形式出现的,其窗口的外观与其他应用程序窗口的外观基本相同。

5. 为了节约时间,可以将自己喜爱的 Web 页或频繁访问的 Web 页设置为主页。灵活运用历史文件可以提高浏览的效率。

6. 使用收藏夹和链接栏可以快速访问常用 Web 页,应当将最常用的 Web 页设为 IE 的主页(只能有一个);将少量的常用 Web 页地址放到链接栏中;将其他常用 Web 页添加到收藏夹中。

7. 用户利用 IE 中提供的安全设置选项,通过设置"受限制的站点"和"受信任的站点"并将"受限制的站点"的安全级别适当加高,可以有效地扼制恶意代码,防止各种破坏活动。

8. 利用 IE 提供的分级审查功能,用户可将网络上的不良信息加以屏蔽,从而防止未成年人受到不良信息的影响。

习题

3.1 解释以下概念:WWW、网页、IP 地址、URL。

3.2 解释清华大学 Web 地址 http:∥www.tsinghua.edu.cn 各部分的含义。

3.3 启动 Microsoft Internet Explore 后,访问首都医科大学的站点(其 URL 地址为 http:∥www.cpums.edu.cn),并将该站点设置为主页。

3.4 将 Microsoft Internet Explore 历史记录保存的天数设置为 5 天,选择当前正在浏览的网页的部分文本内容,保存到"C:\练习"文件夹中,文件名为 text.doc,将该网页的全部内容以文件名 web.htm 保存到"C:\练习"文件夹中。

3.5 将当前正在浏览的网页中的一幅图片保存到计算机中,然后将其插入到 Word 文档中。

3.6 使用收藏夹和链接栏,在其中分别建立指向当前正在浏览的 Web 页地址的快捷方式。快捷方式建立后,通过收藏夹和链接栏快速访问该网页。

3.7 为了确保安全上网而应当采取哪些措施?

第4章

收发电子邮件

电子邮件(Electronic mail,E-mail)是 Internet 上应用最为广泛的一种服务,许多用户使用 Internet 都是从收发电子邮件开始的。与传统的邮政信件传递相比,电子邮件具有快捷、方便和廉价等特点,这使得它成为一种新的信息交流方式,极大地方便了人们的生活和工作。当计算机接入 Internet 并安装了收发电子邮件的应用程序后,用户就可以发送与接收电子邮件,并对电子邮件进行管理。常见的收发电子邮件的客户软件有 Outlook Express、Netscape Messenger、Foxmail 等。其中,Outlook Express(简称 OE)是最流行的客户端电子邮件应用程序,它内嵌在 Windows 操作系统中,是 Internet Explorer 的一个组件。OE 具有强大的功能,例如可轻松快捷地发送、接收和阅读电子邮件,并能在同一程序中处理新闻组;可管理多个邮件与新闻组账户;可在脱机的情况下处理邮件及新闻组;等等。本章将以 Outlook Express 6.0 为基础,详细讲述有关电子邮件的收发和管理的操作。

本章要介绍的内容有:

- 电子邮件应用程序 Outlook Express 的启动和设置
- 添加和设置邮件账户
- 使用 Outlook Express 收发电子邮件
- Web mail 的申请和使用
- 使用通信簿
- Outlook Express 中的邮件管理

4.1 Outlook Express 基本设置

4.1.1 启动 Outlook Express

Outlook Express 是内嵌在 Windows 操作系统中的客户端电子邮件应用程序,启动 Outlook Express 的本质就是将该程序调入计算机内存。一切程序只有调入内存中才能被执行,这是计算机的基本工作原理。

启动程序最直接的操作,就是在"Windows 资源管理器"中找到该程序文件(以 .exe 为扩展名,是可执行文件,例如 Outlook Express 程序文件为 msimn. exe),双击该文件图标即可。但这种操作方法不方便,所以不常采用。下面介绍启动 Outlook Express 的几种常用操作:

(1) 双击桌面上的 Outlook Express 快捷方式图标 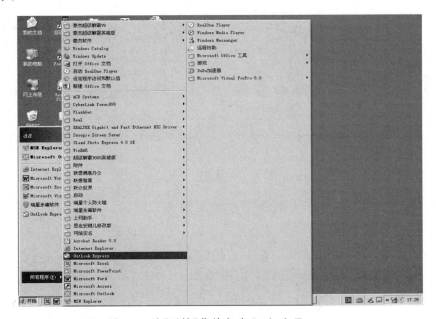。

(2) 如图 4-1 所示,依次执行任务栏上的"开始"→"所有程序"→"Outlook Express"菜单命令。

图 4-1　从"开始"菜单启动 Outlook Express

(3) 如图 4-2 所示,单击任务栏中"快速启动工具栏"上的 Outlook Express 图标。

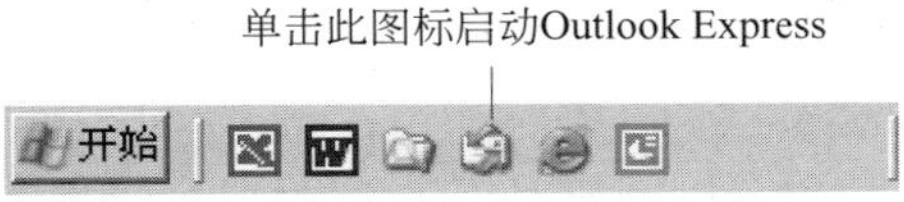

单击此图标启动Outlook Express

图 4-2　从"快速启动工具栏"启动 Outlook Express

(4) 如图 4-3 所示,启动 Internet Explorer 后,单击窗口工具栏上的"邮件"按钮,在下拉菜单中选取"阅读邮件"命令。

此方法必须提前指定用于邮件管理的服务程序为 Outlook Express,否则单击 IE 工具栏上的"邮件"按钮后,将启动其他邮件管理程序。其具体设置方法如下:

启动 Internet Explorer 后,依次执行菜单栏上的"工具"→"Internet 选项"菜单命令,弹出"Internet 选项"对话框,如图 4-4 所示,单击"程序"选项卡,将"电子邮件"栏中的程序指定为 Outlook Express,单击"确定"命令按钮。

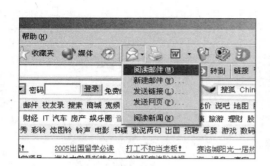

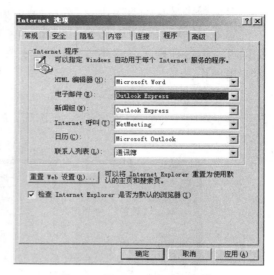

图 4-3　从 IE 窗口启动 Outlook Express　　　　　图 4-4　"Internet 选项"对话框

4.1.2　了解 Outlook Express 的用户界面

启动 Outlook Express 后,其窗口界面如图 4-5 所示。下面简要介绍 Outlook Express 用户界面的各个组成元素。

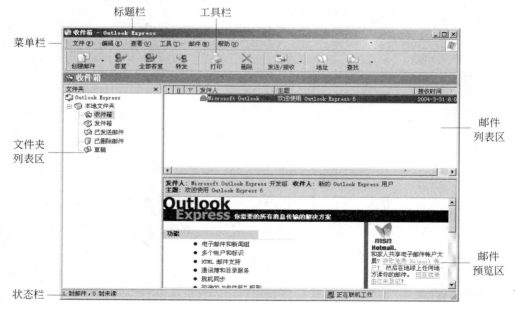

图 4-5　Outlook Express 窗口

（1）标题栏:窗口最上方的条形界面。它的主要作用是显示打开窗口的标题。

（2）菜单栏:位于窗口中标题栏下方的条形界面,共有文件、编辑、查看、工具、邮件和帮助 6 项菜单。菜单采用下拉式,当单击某项菜单后,可显示出下拉菜单所包含的各项命令。执行下拉菜单中的命令,可以完成 Outlook Express 中几乎所有的操作。

(3)工具栏:位于菜单栏的下方,由一系列命令快捷按钮组成。单击命令按钮,可以快速完成一些常用的操作。表 4-1 列出了各个工具栏按钮的功能。

表 4-1　工具栏按钮的功能

按钮名称	功　　能	按钮名称	功　　能
创建邮件	打开邮件窗口,创建一个新邮件	删除	删除选定的邮件
答复	对选中的邮件写回信	发送和接收	接收新的邮件并发送待发的邮件
全部答复	对选中的邮件回复所有收件人	地址	显示通信簿的内容,选择联系人
转发	对选中的邮件进行转发	查找	查找邮件或用户
打印	打印选定的邮件		

(4)文件夹列表区:用于显示选择操作的文件夹。从图 4-5 中可以看出,“本地文件夹”下包含“收件箱”、“发件箱”、“已发送邮件”、“已删除邮件”和“草稿”5 个子文件夹。它们各自的功能如下。

- 收件箱:保存已收到的邮件。
- 发件箱:保存暂时还未发送的邮件,留待以后发送。
- 已发送邮件:保存已发送邮件的副本,以备将来使用。
- 已删除邮件:为防止误删除邮件,将从各文件夹中删除的邮件保存在该文件夹中。
- 草稿:因某种原因暂时停止邮件的写作,可将未完成的邮件保存在该文件夹中,以后可随时从该文件夹中打开邮件继续撰写。

(5)邮件列表区:显示文件夹列表中选定的文件夹的内容。

(6)邮件预览区:显示所选邮件的正文内容。

(7)状态栏:显示当前 Outlook Express 的工作状态,如当前文件夹中的邮件数目,以及其中有多少邮件已读和多少邮件未读等。

Outlook Express 的用户界面布局多种多样,用户可以根据自己的习惯来设置。依次执行菜单栏上的“查看”→“布局”菜单命令,弹出如图 4-6 所示的“窗口布局 属性”对话框,依次清除或选中各个复选框,Outlook Express 的用户界面就会发生相应的改变,读者可亲自试一试,看一看界面会发生什么变化,在此不再详述。

4.1.3　创建自己的邮件账户

1. 目标与任务分析

在发送和接收电子邮件之前,用户必须要首先创建自己的电子邮件账户。而要创建自己的邮件账户,首先要从 Internet 服务提供者(ISP)处得到相关信息,以便建立与邮件服务器的连接。假设已经得到了表 4-2 所示的相关信息,本任务将讨论得到这些信息后

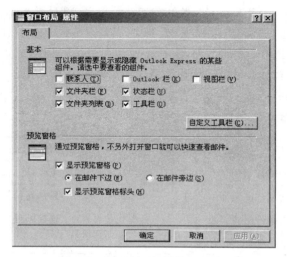

图 4-6　"窗口布局 属性"对话框

如何在 Outlook Express 中创建自己的账户。

表 4-2　用户从 ISP 处得到的信息

邮件服务器	sohu. com	邮件服务器	sohu. com
账户名	qichangruc	发送邮件服务器（SMTP）	smtp. sohu. com
密码	123456	接收邮件服务器（POP3）	pop3. sohu. com

2. 操作思路

Outlook Express 为用户提供了专用的连接向导。借助该向导程序，用户可以方便地创建自己的邮件账户。除此之外，随着 Internet 的发展，一位用户拥有多个电子邮件账户的现象已越来越普遍，用户也可以使用连接向导为自己创建多个账户。设置多个账户后，可将其中的一个账户设为默认账户，以后发送邮件时就以默认账户作为发件人的地址。

3. 操作步骤

（1）启动 Outlook Express 程序，如图 4-7 所示，依次执行菜单栏上的"工具"→"账户"菜单命令，弹出"Internet 账户"对话框。

（2）在"Internet 账户"对话框中，单击"邮件"选项卡，单击"添加"按钮，在弹出的菜单中选择"邮件"命令，如图 4-8 所示。

（3）Outlook Express 将打开"Internet 连接向导"对话框，如图 4-9 所示，在"显示名"文本框中输入用户的姓名，所输入的姓名将出现在外发邮件的"发件人"字段中，单击"下一步"命令按钮。

（4）如图 4-10 所示，在"电子邮件地址"文本框中输入 ISP 为用户分配的电子邮件地址（即用户名@电子邮件服务器域名），按照表4-2提供的信息，在此输入qichangruc@

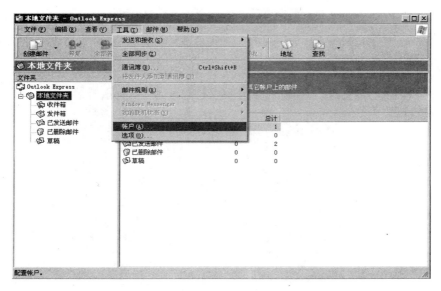

图 4-7　选取"账户"选项

图 4-8　选择"邮件"命令

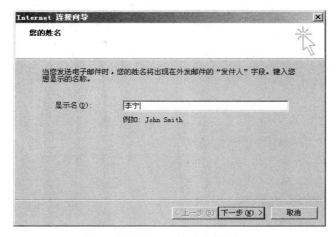

图 4-9　"Internet 连接向导"之一

sohu.com。单击"下一步"命令按钮,弹出如图 4-11 所示的对话框。

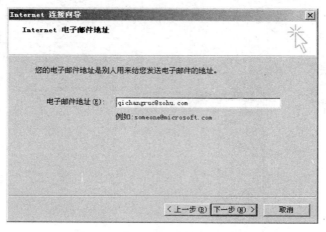

图 4-10 "Internet 连接向导"之二

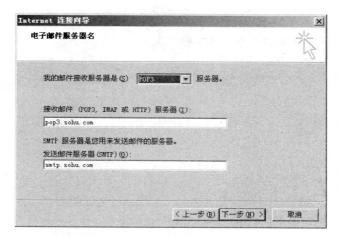

图 4-11 "Internet 连接向导"之三

(5) 在图 4-11 所示的对话框中,从"我的邮件接收服务器是"下拉列表框中选择服务器的类别,在此选择 POP3 类别。依据表 4-2 给出的信息,分别在"接收邮件服务器"和"发送邮件服务器"文本框中输入 pop3. sohu. com 和 smtp. sohu. com,单击"下一步"命令按钮。

(6) 依据表 4-2 给出的信息,分别在"账户名"和"密码"文本框中输入 qichangruc 和 123456,如图 4-12 所示,单击"下一步"命令按钮。

(7) 如图 4-13 所示,在"Internet 连接向导"对话框中单击"完成"命令按钮,返回到"Internet 账户"对话框,单击"关闭"命令按钮即可完成创建电子邮件账户的操作。

用户在 Outlook Express 中创建了自己的账户以后,就可以用该账户来收发电子邮件了。Outlook Express 允许一个用户拥有多个账户。例如,某用户除了有上面设置的邮件账户外,还有第 2 个账户,其信息如表 4-3 所示。此账户的设置方法与设置第 1 个账户

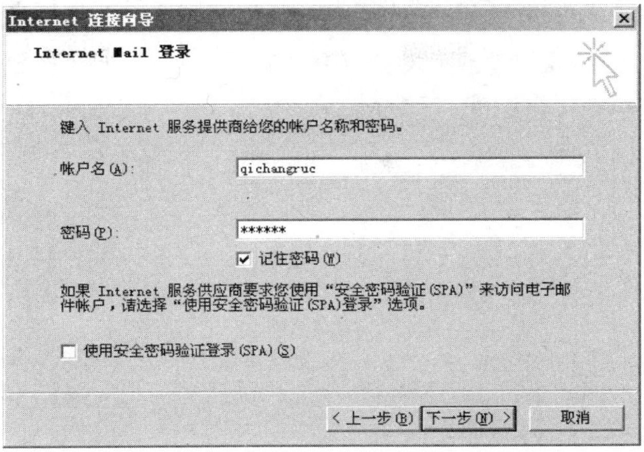

图 4-12 "Internet 连接向导"之四

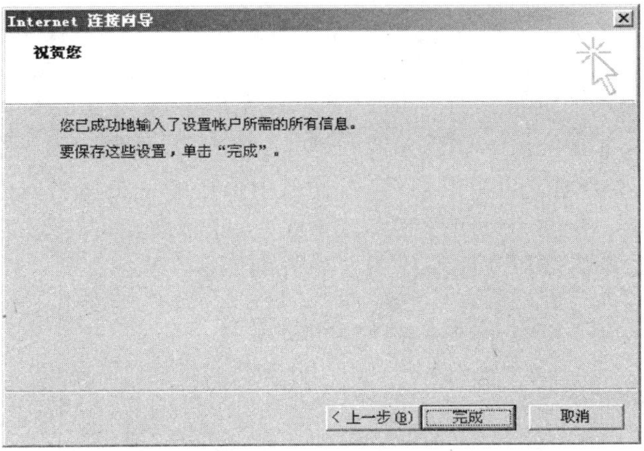

图 4-13 "Internet 连接向导"之五

的操作步骤完全一样，只要按照表 4-3 的信息逐步填写即可。

表 4-3 第 2 个账户信息

邮件服务器	etang. com	邮件服务器	etang. com
账户名	Lining_25	发送邮件服务器（POP3）	pop. etang. com
密码	abcde	接收邮件服务器（SMTP）	smtp. etang. com

新的账户设置完成后，可将其中的一个账户设为默认账户，以后在发送邮件时就以默认账户作为发件人的地址。操作步骤如下：

（1）在 Outlook Express 窗口中，依次执行菜单栏上的"工具"→"账户"菜单命令，弹出"Internet 账户"对话框。

（2）如图 4-14 所示，在"Internet 账户"对话框中单击"邮件"选项卡，选定一个账户，单击"设为默认值"命令按钮,再单击"关闭"按钮,选定的账户就被设置成了默认账户。

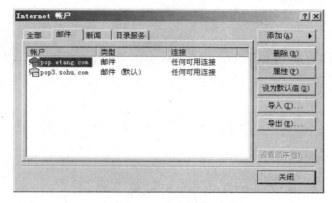

图 4-14 选取"邮件"选项卡

4. 归纳分析

创建电子邮件账户的目的是建立与 ISP 邮件服务器的连接,这是使用 Outlook Express 收发电子邮件的前提条件。用户需要事先准备好从 Internet 服务提供者(ISP)处得到的相关信息,主要包括邮件服务器的地址、账户名、密码以及收发邮件服务器的地址,其中,邮件服务器的地址可以是域名(本任务中采用的就是域名),也可以是 IP 地址。

Outlook Express 允许一位用户拥有多个账户,此时需要将其中的一个账户设置为默认账户,以后发送邮件时就以该账户作为发件人的地址。

4.1.4 多用户共用 Outlook Express 的设置

1. 目标与任务分析

在很多时候(尤其是在公共场所),多个用户在同一台计算机上使用 Outlook Express 收发电子邮件,此时会出现每个人的邮件互相混在一起,不便管理,以及相互间保密性差等问题。例如,在上一个任务中,第一个用户已经在 Outlook Express 中建立了两个账户,假设第二个用户也要在同一台计算机上建立自己的账户,其账户信息如表 4-4 所示。本任务主要解决如何设置多用户共用 Outlook Express,使得彼此之间不互相干扰的问题。

表 4-4 第二个用户的账户信息

邮件服务器	ruc. edu. cn	邮件服务器	ruc. edu. cn
账户名	Wang	发送邮件服务器(POP3)	pop. mydomain. com
密码	abcdef	接收邮件服务器(SMTP)	smtp. mydomain. com

2. 操作思路

多个用户在同一台计算机上使用 Outlook Express 收发电子邮件时,为了避免出现每个人的邮件互相混在一起，不便管理，以及相互间保密性差等问题，可以通过建立"标识"的方法，使每个用户拥有自己的一套完整、独立的邮件系统（包括收件箱、发件箱、已发送邮件、已删除邮件、草稿文件夹和通信簿及联系人等）。Outlook Express 可以灵活地切换到不同的用户标识，就像一个人独立使用 Outlook Express 一样，避免了其他用户的"干扰"，而且具有一定的保密性。

3. 操作步骤

（1）启动 Outlook Express 程序后，在该程序窗口中依次执行菜单栏上的"文件"→"标识"→"添加新标识"菜单命令，弹出"新标识"对话框，如图 4-15 所示，在"输入姓名"文本框中输入第二个用户的姓名。

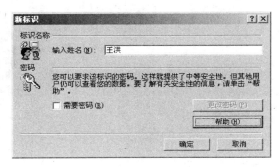

图 4-15 "新标识"对话框

为了防止他人登录此标识或更改、删除此标识，需要对建立的新标识进行密码保护，选定"需要密码"复选框，弹出如图 4-16 所示的"输入密码"对话框。

（2）在"输入密码"对话框中，依次在"新密码"和"确认新密码"文本框中输入所建标识的保护密码，单击"确定"命令按钮，返回到"新标识"对话框。

（3）在"新标识"对话框中，单击"确定"命令按钮，在"添加的标识"对话框中，单击"是"命令按钮，如图 4-17 所示，启动"Internet 连接向导"，设置第二个用户的账号；若单击"否"按钮，仍将保持当前用户的登录状态。在此单击"是"命令按钮，启动"Internet 连接向导"，设置第二个用户的账号。

图 4-16 "输入密码"对话框

图 4-17 "添加的标识"对话框

（4）按照上一个任务的操作过程，依据表 4-4 的信息设置第二个用户的账户。操作完成后，系统自动切换到新建的标识。

切换到新的标识后，在 Outlook Express 窗口中，依次执行菜单栏上的"工具"→"账户"菜单命令，打开"Internet 账户"对话框，如图 4-18 所示，此时只显示出第二个用户的账户,第一个用户的账户并未显示。

（5）启动 Outlook Express 后,用户若要切换标识,可依次执行菜单栏上的"文件"→
"切换标识"菜单命令,弹出如图 4-19 所示的"切换标识"对话框,在列表框中选定要切换
的标识名称,在"密码"文本框中输入添加该标识时所设置的密码,单击"确定"命令按钮,
Outlook Express 自动以新的标识打开。

图 4-18 "Internet 账户"对话框

图 4-19 "切换标识"对话框

4. 归纳分析

Outlook Express 不仅允许一个用户建立多个邮件账户,而且允许多个用户在同一台
计算机上共同使用 Outlook Express。

多个用户在同一台计算机上共同使用 Outlook Express 时,每个用户一定要为自己
建立一个标识,为了防止他人登录、更改或删除此标识,需要对自己的标识进行密码保护。
Outlook Express 切换到新的标识后,就像一个用户单独使用 Outlook Express 一样,该
用户拥有自己的一套完整、独立的邮件系统,有效地避免了多个用户的电子邮件相互混在
一起,不便管理的现象。

4.2 接收与发送电子邮件

4.2.1 接收电子邮件

1. 目标与任务分析

设置完电子邮件账户后,用户就可以开始接收、发送电子邮件了。本任务主要介绍接
收电子邮件的具体操作方法及相关技巧。

2. 操作思路

接收电子邮件前,必须使计算机与 ISP 的邮件服务器建立连接。正常连接后,首先要
查看是否有新邮件,可以采取手工和自动检查两种方法查看新邮件。

3. 操作步骤

手工检查新邮件的操作步骤如下：

（1）启动 Outlook Express 程序。

（2）依次执行菜单栏上的"工具"→"发送和接收"→"接收全部邮件"菜单命令，或单击工具栏上的"发送/接收"按钮旁边的下三角按钮，从下拉菜单中选择"接收全部邮件"，在接收邮件的过程中，会弹出下载邮件对话框，显示要完成的任务及任务的进度等信息，如图 4-20 所示。邮件接收完毕后，Outlook Express 自动将接收到的邮件存放到"收件箱"中，以供用户查看和阅读。

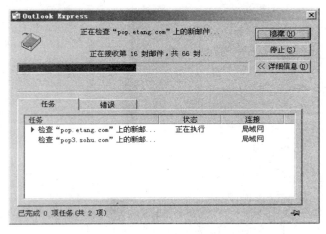

图 4-20　下载邮件对话框

Outlook Express 还提供了自动检查新邮件的功能，能够定期检查电子邮件服务器中是否有新邮件到达，此功能对于长期与 Internet 建立连接的用户（如通过局域网与 Internet 连接的用户）非常有用。设置自动检查新邮件的操作步骤如下：

（1）启动 Outlook Express 程序后，依次执行菜单栏上的"工具"→"选项"菜单命令，弹出"选项"对话框，如图 4-21 所示。

（2）在"选项"对话框中，单击"常规"选项卡，选中"每隔……分钟检查一次新邮件"复选框，然后在时间增量框中输入检查新邮件的时间间隔。

（3）单击"确定"命令按钮，完成设置自动检查新邮件的操作。

4. 归纳分析

本任务的操作非常简单，希望读者将操作过程与电子邮件的工作过程联系起来。使用电子邮件的用户，首先要有一个邮箱用来存放自己的电子邮件。用户在申请 Internet 账户时，ISP 会在其邮件服务器的硬盘上为用户设立一个固定的邮箱。接收邮件的本质就是从自己的邮箱中将邮件下载到本地硬盘中，在此过程中使用的是邮局协议第三版 POP3（Post Office Protocol-Version 3），这个协议是 TCP/IP 协议族中的一部分，它负责接收电子邮件。

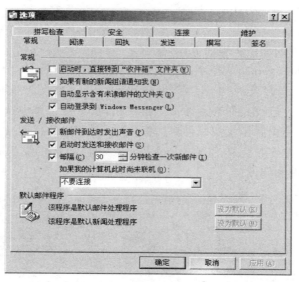

图 4-21 "选项"对话框

4.2.2 阅读电子邮件

1. 目标与任务分析

Outlook Express 将接收到的邮件存放到"收件箱"中,以供用户查看和阅读,本任务首先介绍如何在 Outlook Express 中阅读电子邮件。另外,电子邮件不仅可以传递简单的文本信息,还可以传递带有格式的文档、声音与图像文件,在发送邮件时,可以把这些文件附加在邮件中,因此称之为邮件附件,本任务还将介绍对电子邮件附件的处理。

2. 操作思路

在阅读电子邮件之前,首先要明确以下两个问题:如何区分已阅读邮件和未阅读邮件;如何区分带有附件的邮件和不带附件的邮件。对于未阅读的邮件,用户既可以在 Outlook Express 主窗口的邮件预览区中阅读;也可以在单独的邮件窗口中阅读。对于邮件所带的附件,用户可根据实际情况将其打开或保存至本地。

3. 操作步骤

(1) 单击选定 Outlook Express 窗口文件夹列表区中的"收件箱",如图 4-22 所示,在右侧邮件列表区中列出了接收到的所有邮件;未阅读的邮件图标为未打开的信封形状,字体为黑体,已阅读的邮件图标为打开的信封形状,字体为宋体;邮件前面有回形针标记的表示该邮件带有附件;有向下箭头标记的表示该邮件是低优先级的;有惊叹号标记的表示该邮件是高优先级的。

文件夹列表区中,"收件箱"文件夹旁边括号里的数字表示未阅读邮件的数量。

(2) 若要阅读某邮件,只需在邮件列表区中单击该邮件,邮件预览区中即会出现该邮

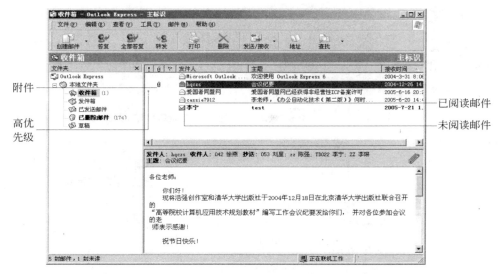

图 4-22 "收件箱"文件夹

件的正文,用户可以拖动滚动条进行预览。

除此之外,还可以在邮件列表区中双击要阅读的邮件,会弹出如图 4-23 所示的邮件窗口,窗口的上部显示出邮件的发件人、收件人、抄送以及发送时间和邮件主题等信息,用户可以在该窗口中阅读邮件,也可以利用该窗口中的命令对邮件进行编辑、打印等操作。

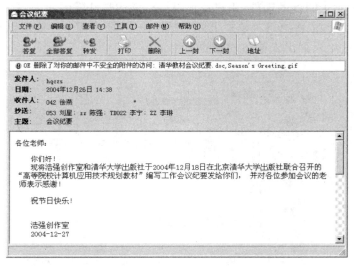

图 4-23 邮件窗口

（3）作为附件发送的文件不能像邮件正文那样立即看到。要查看邮件的附件,可单击邮件预览区邮件主题右侧的回形针附件图标,根据实际需要,在弹出的下拉菜单中选取打开或保存附件的操作,如图 4-24 所示。也可以在邮件列表区中双击要阅读的邮件,在打开的邮件窗口中进行同样的操作。

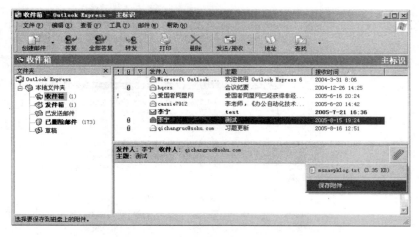

图 4-24　处理邮件所带的附件

4．归纳分析

将邮件下载到本地后,用户既可在 Outlook Express 主窗口的邮件预览区中阅读邮件,也可以打开单独的邮件窗口,在该窗口中阅读邮件。希望读者在完成本任务时,一定要仔细观察 Outlook Express 窗口,这样可以获得许多有用的信息,如"收件箱"中未阅读邮件的数量、某邮件是否已经被阅读过、某邮件是否带有附件等。

为了突出显示未阅读的邮件,用户还可以将已读的邮件隐藏起来,具体操作如下:

如图 4-25 所示,依次执行菜单栏上的"查看"→"当前视图"→"隐藏已读邮件"菜单命令,则邮件列表区中只列出未被阅读过的邮件。

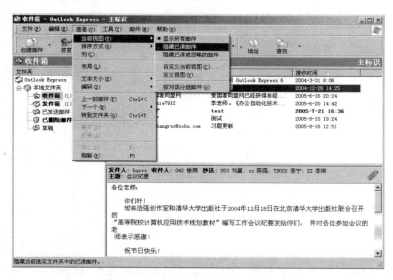

图 4-25　选取"隐藏已读邮件"命令

4.2.3 撰写并发送电子邮件

1. 目标与任务分析

用户的计算机与 ISP 的邮件服务器建立连接后，不仅可以接收电子邮件，还可以向别人发送电子邮件。本任务中将使用 Outlook Express 撰写并发送一封带有附件的电子邮件到 lining@etang.com、wanghong@263.net.cn 和 tianrong@sohu.com，为了使邮件给收件人以良好的视觉感受，该邮件中需要插入图片并应用信纸，除此之外，还将给该邮件配上背景音乐。

2. 操作思路

Outlook Express 为用户提供了"新邮件"窗口，利用该窗口用户可以方便地将电子邮件发送给任何拥有电子邮件地址的其他用户，并且可以利用该窗口提供的命令，对邮件正文进行编辑和排版操作，就像使用 Word 一样。

另外，如果要向多人发送邮件，可以利用 Outlook Express 提供的一信多发的功能，非常方便地完成任务。

3. 操作步骤

（1）依次执行菜单栏上的"文件"→"新建"→"邮件"菜单命令，或单击工具栏上的"创建邮件"按钮，打开"新邮件"窗口，如图 4-26 所示。

（2）如果一个用户设置了多个账户，"新邮件"窗口的工具栏下面会多出一个"发件人"框，单击在其右侧的下三角按钮，打开下拉列表框，可显示出用户设置的所有账户。若不准备用默认账户发送邮件，则在下拉列表框中指定一个发送邮件的账户。

（3）输入收件人的邮件地址。若要将同一封信发送给多人，可在"收件人"文本框或"抄送"文本框中输入多位收件人的邮件地址，地址间用英文逗号或分号隔开。

图 4-26　"新邮件"窗口

（4）在"主题"文本框中输入邮件的主题，邮件主题可以不写，但为了便于收件人查看，最好输入主题。仔细观察会发现，输入主题后，窗口标题栏中的"新邮件"字样将被当前邮件主题的文字所替换。

（5）在邮件正文区撰写邮件的正文，如果邮件使用的是 HTML 格式，则在新邮件窗口正文区上面会出现一个如图 4-27 所示的格式工具栏。此时，可以像使用 Word 一样对邮件正文进行编辑。

注意：Outlook Express 提供了 HTML 和纯文本两种邮件格式。如果新邮件窗口中

段落样式　下划线　数字格式　　　对齐方式

字体　　　　字号　　加粗　倾斜　字体颜色　段落缩进　　插入水平线　插入图片

图 4-27　格式工具栏

未出现格式工具栏，说明当前邮件的格式是纯文本方式，此时依次执行菜单栏上的"格式"→"多信息文本"菜单命令，可将纯文本格式转换为 HTML 格式，格式工具栏就会自动出现。

（6）在"新邮件"窗口中，依次执行菜单栏上的"插入"→"文件附件"菜单命令，或单击窗口工具栏上的"附件"按钮，弹出"插入附件"对话框，如图 4-28 所示。在该对话框中选定要插入的文件，单击"附件"命令按钮，将选定的文件以附件的形式附加在邮件中。

图 4-28　"插入附件"对话框

（7）为了使邮件给收件人以良好的视觉感受，还可以在邮件中使用信纸。信纸是事先编排好的 HTML 格式的文本，其中包括背景图像、文本格式，以及定义好的页边距等内容。

在"新邮件"窗口中，依次执行菜单栏上的"格式"→"应用信纸"菜单命令，下级菜单中将列出用户最近使用过的 7 种类型的信纸，可从中选取一种直接应用到新邮件中，也可以从下级菜单中选取"其他信纸"命令，弹出如图 4-29 所示的"选择信纸"对话框，在该对话框中选择一种满意的信纸类型（例如秋叶），单击"确定"命令按钮，将该信纸应用到新邮件中。

（8）若要在邮件中插入图片，可依次执行新邮件窗口菜单栏上的"插入"→"图片"菜单命令，或单击邮件正文区上方格式工具栏中的"插入图片"按钮，弹出如图 4-30 所示的"图片"对话框，单击"浏览"命令按钮，找到所需的图片后，设置图片的位置、边框宽度及图片四周的空间大小，单击"OK"命令按钮，即可将所选图片插入到邮件中。

（9）为了使发送的邮件更加生动，还可以为其添加背景音乐。依次执行新邮件窗口菜单栏上的"格式"→"背景"→"声音"菜单命令，弹出"背景音乐"对话框，如图 4-31 所示，单击"浏览"命令按钮，指定声音文件的位置，在"重复设置"栏中设置背景音乐播放的次数

图 4-29 "选择信纸"对话框

或设置为连续播放,单击"确定"命令按钮,即可将所选音乐添加到邮件中。

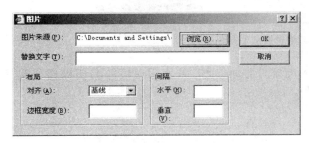

图 4-30 "图片"对话框

图 4-31 "背景音乐"对话框

(10) 至此,撰写邮件的操作已经完成,经过编辑后的新邮件窗口如图 4-32 所示。依次执行菜单栏上的"文件"→"发送邮件"菜单命令,或单击工具栏上的"发送"命令按钮,即可将新邮件发送出去。

4. 归纳分析

与接收邮件的操作相比,发送邮件的操作略显麻烦。有关撰写和发送电子邮件的操作,需要掌握以下几点:

- 发送给其他用户的邮件实际上首先发送到自己所连接的 ISP 邮件服务器上,并保存在自己的邮箱中,该邮件服务器根据收件人地址,再将邮件发送到接收方的邮件服务器中。以上过程使用的是简单邮件传输协议(Simple Mail Transfer Protocol,SMTP),这个协议是 TCP/IP 协议族中的一部分,它描述了邮件的格式以及传输时的处理方法。
- 在邮件中使用附件,可以将附件随同邮件一起发送给收件人。Outlook Express 可将绝大多数格式的文件作为附件发送出去,如文本、图片、声音、动画、HTML 文件等。为了避免邮件过大,一般要用压缩软件对作为附件的文件进行压缩。

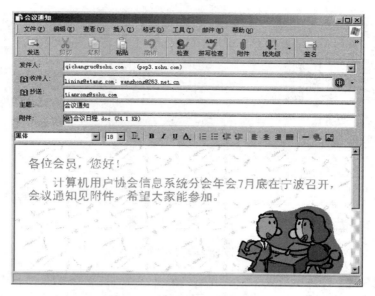

图 4-32　编辑后的新邮件窗口

- 创建新邮件时,需要输入收件人的邮件地址,此时若使用通信簿会使操作变得简便。有关通信簿的相关内容将在4.3节介绍。

4.2.4　回复与转发电子邮件

1. 目标与任务分析

回复电子邮件是指在阅读完一封邮件后,对该邮件做出答复;转发电子邮件就是将收到的电子邮件再发送给别人。回复与转发电子邮件是实际工作中经常遇到的问题,本任务将介绍与之相关的操作技巧。

2. 操作思路

回复电子邮件时,不需要手工录入收件人的地址,因为 Outlook Express 具有回复邮件的功能,可以自动将发件人地址作为回信地址。此外,还可以在回信中引用原邮件。Outlook Express 还具有邮件转发的功能,用户可以方便地将收到的邮件转发给其他人。

3. 操作步骤

首先介绍回复邮件的操作。

(1) 在文件夹列表区中选定"收件箱"文件夹,然后在邮件列表区中选定要回复的邮件。依次执行菜单栏上的"邮件"→"答复发件人"菜单命令,或单击工具栏上的"答复"按钮,弹出回复作者窗口,如图4-33所示。

(2) 在图4-33所示的窗口中,收件人地址已自动填好;主题文本框中自动显示"Re:

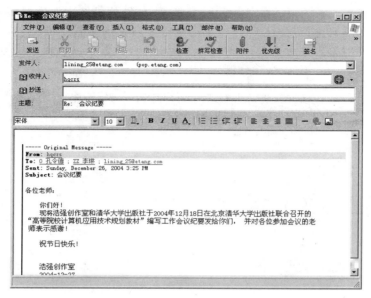

图 4-33　回复作者窗口

原邮件主题(此例中为"会议纪要")";默认状态下,原邮件正文会显示在该窗口的下方。

若不想在邮件中引入原邮件,可在 Outlook Express 主窗口中依次执行菜单栏上的"工具"→"选项"菜单命令,弹出"选项"对话框,单击"发送"选项卡,如图 4-34 所示,清除"回复时包含原邮件"复选框,单击"确定"命令按钮,则在回复时将不包含原邮件。

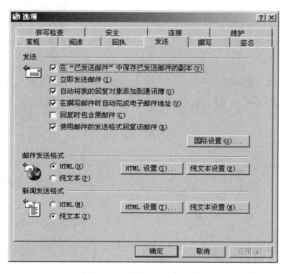

图 4-34　"发送"选项卡

(3) 在图 4-33 所示的窗口中,输入回复邮件的正文并进行格式编排后,单击工具栏上的"发送"按钮,完成回复邮件的操作。

接下来介绍转发邮件的操作。

（1）在文件夹列表区中选定"收件箱"文件夹，邮件列表区中选定要转发的邮件。如果要同时转发多封邮件，可按住 Ctrl 键单击选定要转发的多封邮件，然后依次执行菜单栏上的"邮件"→"转发"菜单命令，或单击工具栏上的"转发"按钮，弹出转发邮件窗口，如图 4-35 所示。

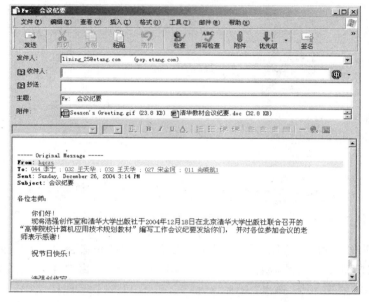

图 4-35　转发邮件窗口

（2）在图 4-35 所示的窗口中，原邮件所带的附件出现在"附件"文本框中；主题文本框中自动显示"Fw：原邮件主题（此处为"会议纪要"）"；原发件人及收件人的地址、原邮件的正文、发送时间及主题显示在该窗口的下方。

在该窗口的"收件人"文本框中输入收件人的地址，在邮件正文区中输入邮件的正文，然后单击工具栏上的"发送"按钮，即可完成转发邮件的操作。

4. 归纳分析

回复与转发邮件是实际工作中经常遇到的操作，使用 Outlook Express 提供的回复与转发功能，用户免去了许多手工录入的操作，可以方便快捷地完成以上任务。

4.2.5　Webmail 的申请与使用

1. 目标与任务分析

在本节中，系统介绍了通过电子邮件应用程序 Outlook Express 发送与接收电子邮件的各项操作。作为客户端电子邮件应用程序，Outlook Express 可以很方便地实现以上各项操作，但在实际应用时，它也有不便之处，例如，如果一个用户经常到各地出差，他需要使用不同地点的计算机进行发送和接收电子邮件的操作，每当使用一台计算机时，他都需要先设置自己的账户再收发邮件，这样做就非常不方便了，而且一旦将邮件下载到某台计算机后,在其他的计算机中将很难再阅读已下载的邮件。

解决以上问题的最佳方法,就是使用基于 Web 的电子邮件服务。所谓基于 Web 的电子邮件,是指用户的邮件账户实际上是一个 Web 站点,一旦连接到 Internet,只需在浏览器的地址栏中输入相应的 URL 地址,即可登录自己的邮件账户,进行收发电子邮件的操作。这样用户就可以从任何连接 Internet 的计算机上访问自己的电子邮件了。

2．操作思路

若要使用基于 Web 的电子邮件服务,必须首先通过网络申请一个基于 Web 的邮箱,现在许多 ISP 都提供了免费的基于 Web 的邮箱。本任务中首先在"亿唐"网站申请一个免费的邮箱,然后从浏览器中登录已申请的邮件账户,最后介绍在 Web 页中收发电子邮件的相关操作。

3．操作步骤

(1) 如图 4-36 所示,启动 IE 浏览器,在地址栏中输入 URL 地址 http：// www. etang. com,然后按 Enter 键。

图 4-36　IE 浏览器窗口

(2) 在"亿唐"的主页中,单击"电子邮局"超链接,打开如图 4-37 所示的"亿唐电子邮局"网页,单击"新用户注册"超链接,进入"服务条款"网页,单击"我接受"超链接,表示接受服务条款。

(3) 如图 4-38 所示,在"填写基本信息"网页中,按照要求填写用户名、密码、确认密码以及其他的个人信息。如果所填写的用户名已经被别人使用,系统会提示用户重新填写。

(4) 单击"下一步"命令按钮,如图 4-39 所示,打开"亿唐—新用户注册—注册成功！"

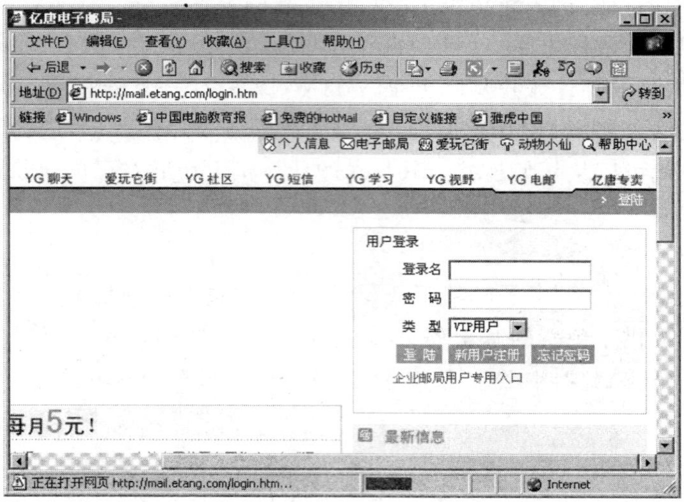

图 4-37　"亿唐电子邮局"网页

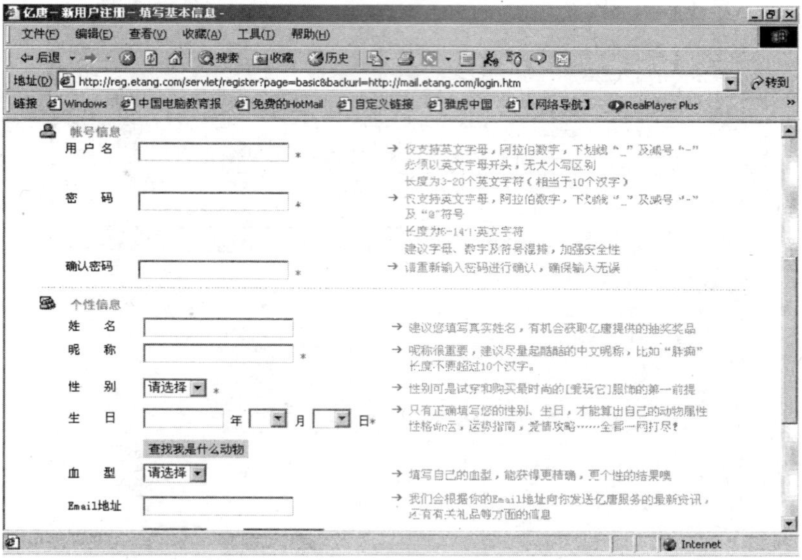

图 4-38　"亿唐—新用户注册—填写基本信息"网页

网页,网页中列出了相关的注册信息,完成免费邮箱的申请操作。

本任务中,是以 free_63 为用户名申请邮箱的,注册完毕后,所获得的电子邮件地址为 free_63@etang.com。

(5) 申请邮箱成功后,就可以通过 IE 浏览器登录自己的邮件账户,进行收发电子邮件的操作了。

启动 IE 浏览器,在地址栏中输入 URL 地址 http://www.etang.com,然后按 Enter 键,进入"亿唐"网站的主页,单击"电子邮局"超链接,打开"亿唐电子邮局"网页,如图 4-40

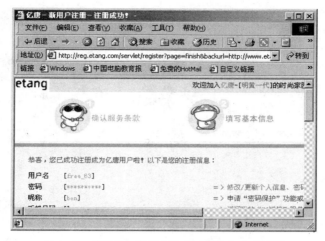

图 4-39 "亿唐—新用户注册-注册成功！"网页

所示，依次输入"登录名"和"密码"，单击"类型"框右侧的下拉箭头，在下拉菜单中选择"免费用户"，单击"登录"超链接，即可登录到自己的邮件账户网页，如图 4-41 所示。

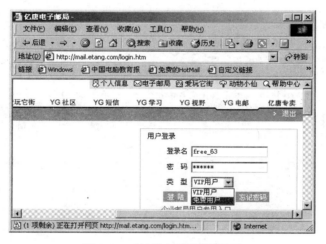

图 4-40 "亿唐电子邮局"网页

　　（6）若要发送邮件，可在邮件账户网页中单击"发邮件"超链接，如图 4-41 所示，打开如图 4-42 所示的发送邮件网页，按照要求依次填写收件人的邮件地址、邮件主题及邮件正文，若邮件中要夹带附件，可单击"附件"超链接，打开如图 4-43 所示的粘贴附件网页。

　　（7）在如图 4-43 所示的网页中，单击"浏览"按钮，在弹出的"选择文件"对话框中选定要夹带的附件，单击"打开"命令按钮，返回到如图 4-43 所示的网页，单击"粘贴"超链接，再单击"完成"超链接，返回到如图 4-42 所示的网页，单击"发送"超链接，即可将邮件发送出去。

单击"发邮件"链接

图 4-41　邮件账户网页

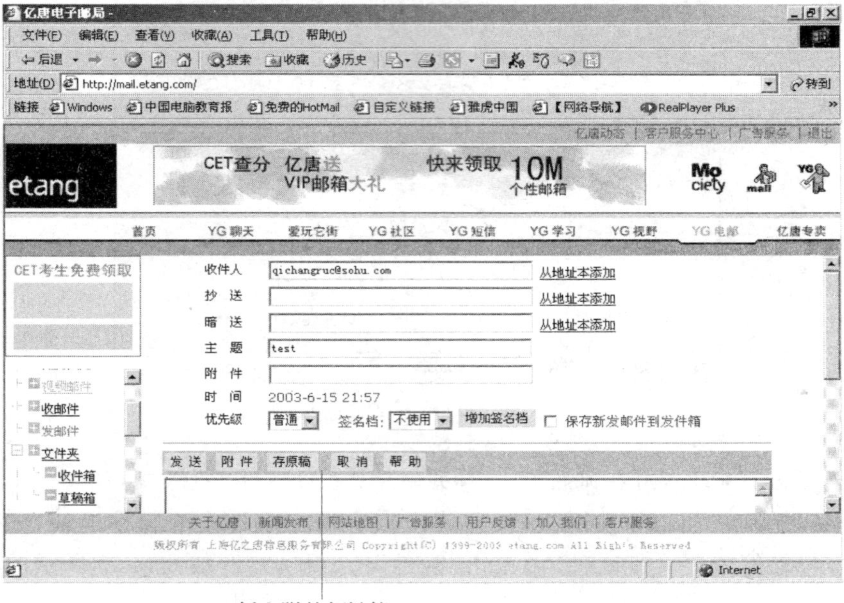

插入附件超链接

图 4-42　发送邮件网页

　　(8) 若要接收邮件,可在图 4-41 所示的网页中单击"收邮件"超链接,打开如图 4-44 所示的接收邮件网页,网页中出现了所收到的邮件列表,列表共分为 5 列,其中"大小"一列中有回形针标记的表示该邮件带有附件。

图 4-43　粘贴附件网页

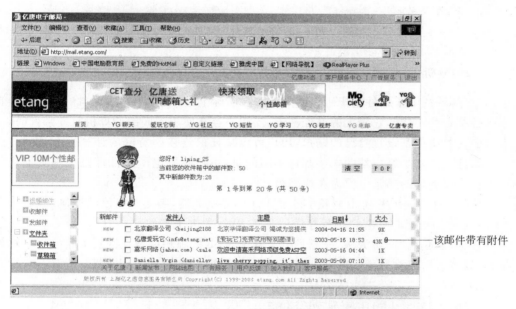

图 4-44　接收邮件网页

　　要阅读某邮件,只需单击其邮件主题,即可打开新的网页阅读邮件的正文,如图 4-45 所示。

　　(9)图 4-45 所示页面中间的文本框中出现了邮件的正文,右侧的文本框中列出了邮件所夹带的附件,若要处理邮件的附件,可右击附件,在弹出的快捷菜单中选取"打开"选项,则系统将调用相关程序打开附件(例如用 Word 打开 ∗.DOC 文件等);若选取"目标另存为"选项,将弹出"另存为"对话框,选定保存附件的文件夹后,单击"保存"命令按钮,即可将邮件中所夹带的附件保存到指定位置。

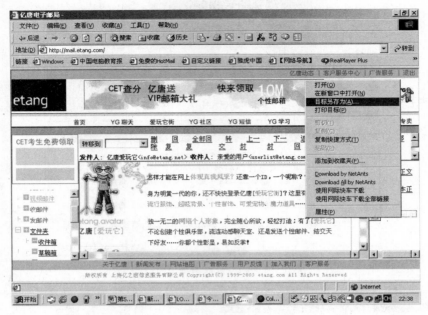

图 4-45　阅读邮件的网页

4．归纳分析

基于 Web 的电子邮件是指用户的邮件账户实际上是一个 Web 站点，将 Web 功能和电子邮件综合为一体。它最大的好处在于，当用户经常使用不同的计算机收发邮件时，不必在每台计算机上都设置自己的账户，用户可以从任何连接因特网的计算机上访问自己的电子邮件。与基于客户端的电子邮件不同的是，用户收发电子邮件都是在网页上进行的，所以基于 Web 的邮箱也称为在线邮箱。

需要注意的是，有些 Web 邮箱不支持 POP3 等服务器，因此不能使用类似于 Outlook Express 那样的电子邮件客户端程序访问基于 Web 的电子邮件。

本任务以"亿唐"网站为例，介绍了申请基于 Web 的邮箱以及在网页上收发电子邮件等操作，读者也可以在其他的网站上进行类似的操作，操作过程大同小异。

4.3　通信簿的使用和邮件管理

4.3.1　在通信簿中添加联系人信息

1．目标与任务分析

在发送邮件时，每次创建新邮件都需要输入收件人的邮件地址，这是一项烦琐且容易出错的工作，此时若使用 Outlook Express 提供的通信簿，则可免去手工输入收件人地址的麻烦，使操作变得简便。

本任务中,要将一些联系人的信息存储在 Outlook Express 的通信簿中,以便今后在向这些联系人发送邮件时可以使用通信簿自动填写他们的邮件地址。

2. 操作思路

在向通信簿中添加联系人信息时,可以采用以下两种操作方法:手工添加和自动添加。为了避免 Outlook Express 通信簿中的联系人太多,造成信息混乱,不便管理,可仿照 Windows 对文件的管理办法,首先在通信簿中建立子文件夹,然后将不同的联系人信息分类存放于不同的文件夹中,以便于管理。

3. 操作步骤

(1) 启动 Outlook Express,此时系统默认以"主标识"身份进入,若多用户共用一台计算机,则应通过切换标识的方法,以自己的标识进入。本任务中,以系统默认方式进入"主标识"。

(2) 在 Outlook Express 窗口中,依次执行菜单栏上的"工具"→"通信簿"菜单命令,或单击工具栏上的"地址"按钮,打开"通信簿"窗口,如图 4-46 所示。

(3) 在如图 4-46 所示的"通信簿"窗口中,依次执行菜单栏上的"文件"→"新建文件夹"菜单命令,或单击窗口工具栏上的"新建"按钮,在下拉菜单中选取"新建文件夹"命令,弹出如图 4-47 所示的属性对话框,在"文件夹名"文本框中输入所建文件夹的名称,如"同事"或"朋友"等,单击"确定"命令按钮,完成在主标识下建立文件夹的操作。

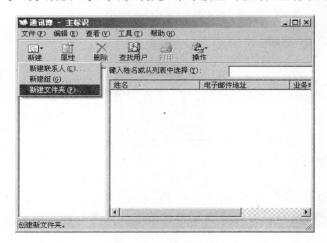

图 4-46 "通信簿"窗口

图 4-47 属性对话框

(4) 若要向新建的"同事"文件夹中添加联系人信息,首先在"通讯簿—主标识"窗口中选定该文件夹,如图 4-48 所示;然后依次执行菜单栏上的"文件"→"新建联系人"菜单命令,或单击窗口工具栏上的"新建"按钮,在下拉菜单中选取"新建联系人"命令,弹出如图 4-49 所示的"属性"对话框。

(5) 在图 4-49 所示的对话框中,单击选定"姓名"选项卡,依次输入联系人的各种信息,单击"添加"命令按钮,然后依次选定其他选项卡输入相关信息,单击"确定"命令按钮,

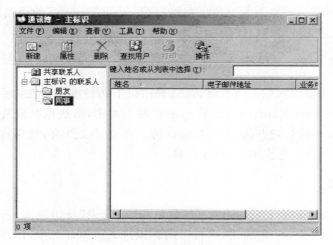

图 4-48　新建文件夹后的"通信簿"窗口

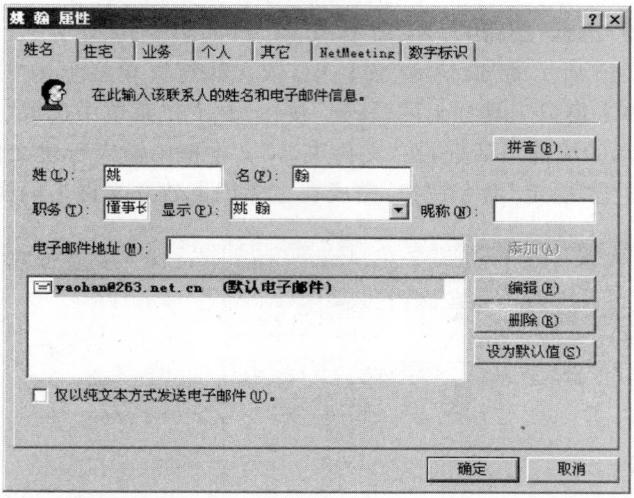

图 4-49　属性对话框

该联系人的信息就自动添加到了"同事"文件夹中,如图 4-50 所示。

　　(6) 除了手工添加联系人信息外,用户还可以将选定邮件的发件人名称和其电子邮件地址自动添加到通信簿中。

　　如图 4-51 所示,单击 Outlook Express 主窗口文件夹列表区的"收件箱"文件夹图标,在邮件列表区中右击选定的邮件,从弹出的快捷菜单中选择"将发件人添加到通信簿"选项,则系统自动将发件人的名称和邮件地址添加到通信簿的"主标识"目录下。

　　若用户不想将联系人的信息添加到通信簿的"主标识"目录下,可打开通信簿,将联系人的图标拖动到指定的文件夹中。

　　(7) 依次执行 Outlook Express 窗口菜单栏上的"查看"→"布局"菜单命令,弹出如图 4-6 所示的"窗口布局属性"对话框,选定"联系人"复选框,单击"确定"命令按钮。此时

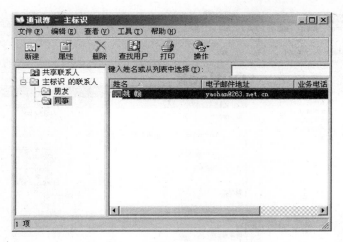

图 4-50　添加联系人信息

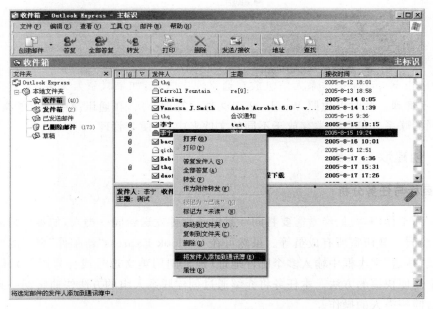

图 4-51　自动添加联系人信息

在 Outlook Express 窗口的左下方会出现"联系人"窗格,窗格中列出了所有的联系人,如图 4-52 所示。

4. 归纳分析

本任务中,详细介绍了在通信簿中添加联系人信息的操作方法。用户可以使用通讯簿保存联系人的信息,如电子邮件地址、家庭和单位地址、电话和传真以及主页等信息。使用通讯簿最大的好处在于:创建新邮件时,可利用通讯簿查找联系人的地址,免去了手工输入收件人地址的麻烦。

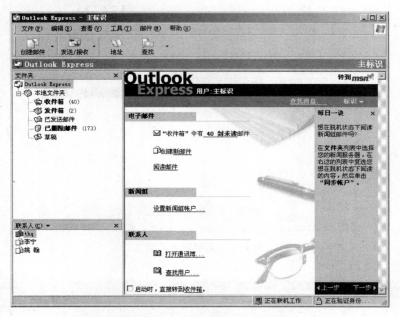

图 4-52　带有联系人窗格的 Outlook Express 窗口

Outlook Express 把联系人信息放在通讯簿中管理,如果联系人太多,会造成信息混乱,不便于管理。此时可仿照 Windows 对文件的管理办法,在通讯簿中建立子文件夹,然后将不同的联系人信息分类存放于不同的文件夹中,以便于管理。

4.3.2　创建联系人组

1. 目标与任务分析

在实际工作中,我们经常需要将同一封电子邮件发送给同一类人,如某公司的所有顾客、某学校同一教研室所有成员等。虽然可在 Outlook Express"新邮件"窗口的"收件人"文本框或"抄送"文本框中输入多个邮件地址(地址间用英文逗号或分号隔开),但这显然不是一个简便快捷的方法。本任务将介绍通过创建联系人组的方法快速将同一封电子邮件发送给同一类人的操作。

2. 操作思路

所谓联系人组,是指包含用户名的邮件组,当通信簿中联系人较多时,分组十分有必要,可将联系人分类管理。利用联系人组,可将邮件同时发送给一组收件人。创建联系人组时,用户可以选择通信簿中已经存在的联系人,也可以在创建完联系人组之后再将联系人添加到组中。

3. 操作步骤

(1) Outlook Express 窗口中,依次执行菜单栏上的"工具"→"通信簿"菜单命令,或单击工具栏上的"地址"按钮,打开如图 4-46 所示的"通信簿"窗口。

(2) 在"通信簿"窗口中,选择要在其中创建组的文件夹,例如"同事"文件夹。依次执行菜单栏上的"文件"→"新建组"菜单命令,或单击工具栏上的"新建"按钮,在下拉菜单中选择"新建组"命令,弹出如图 4-53 所示的属性对话框。

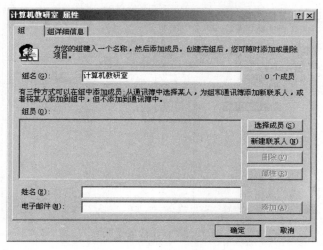

图 4-53　属性对话框

(3) 在图 4-53 所示的对话框中单击"组"选项卡,在"组名"文本框内输入将要创建组的名称,例如"计算机教研室",在"姓名"和"电子邮件"文本框中分别输入其姓名和电子邮件地址,然后单击"添加"命令按钮,即可将该联系人添加到所创建的"计算机教研室"联系人组中。

(4) 除了可以手工添加联系人以外,还可以从通信簿中选择已有的联系人,将其添加为该组成员,在图 4-53 所示的对话框中,单击"选择成员"命令按钮,打开"选择组成员"对话框,如图 4-54 所示。

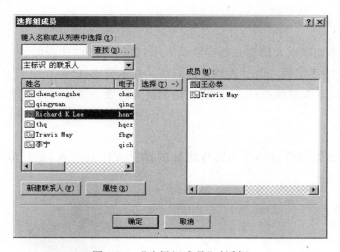

图 4-54　"选择组成员"对话框

（5）在"选择组成员"对话框中，选定搜索联系人的文件夹，在"姓名"列表框中选择需要添加的组成员，单击"选择"命令按钮，选定的联系人姓名将自动出现在"成员"列表框中，单击"确定"命令按钮，新建的"计算机教研室"组就显示在了"同事"文件夹下，如图 4-55 所示。

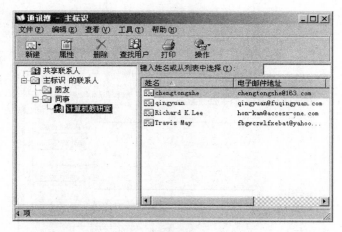

图 4-55　新建联系人组

4. 归纳分析

将同一封电子邮件发送给同一类人，是日常工作中经常遇到的操作，解决此问题的最好方法就是在 Outlook Express 中将联系人分类，并为不同的联系人创建不同的联系人组。这样，用户就可以选择联系人组作为邮件的发送对象，而不必对同一组中的每个联系人都单独发送同一封邮件。

4.3.3　自动填写邮件地址

1. 目标与任务分析

在通信簿中添加联系人信息并创建联系人组，目的是在创建新邮件时利用通信簿查找联系人的地址，免去手工输入收件人地址的麻烦。在本节中，已经介绍了在通信簿中添加联系人信息并创建联系人组的操作，下面将讨论如何为将要发送的邮件自动填写邮件地址。

2. 操作思路

为将要发送的新邮件自动填写邮件地址的操作方法有多种，本任务中将介绍以下三种操作方法。

3. 操作步骤

方法一：

（1）在 Outlook Express 窗口中，依次执行菜单栏上的"工具"→"通信簿"菜单命令，或单击工具栏上的"地址"按钮,打开通信簿窗口。

(2) 如图 4-56 所示,在通信簿窗口中选定联系人,例如,选定"同事"文件夹下的"姚翰",单击工具栏上的"操作"按钮,从下拉菜单中选择"发送邮件"命令。

图 4-56　选定联系人

(3) 在弹出的"新邮件"窗口中,"收件人"文本框已自动填写好了联系人的名称,如图 4-57 所示。发送邮件时,系统将使用该联系人在通信簿中记录的电子邮件地址,用户只需填写主题和邮件正文即可。

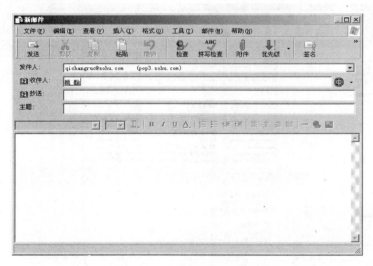

图 4-57　自动填写联系人名称

(4) 如果经常要给一些人发送同样的电子邮件,可以先按照 4.3.2 小节介绍的方法建立一个联系人组,将所有收件人都添加到组中。在选定联系人时,可选定此联系人组,此时弹出的"新邮件"窗口如图 4-58 所示,在"新邮件"窗口的"收件人"框中,自动填写了联系人组内所有联系人的名称,名称之间用英文分号隔开,这封电子邮件将同时发送给这些收件人。

(5) 在"新邮件"窗口中单击"发送"按钮,将邮件发送出去。

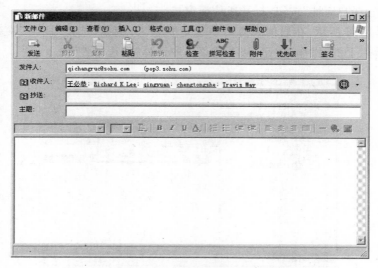

图 4-58　自动填写联系人组内所有联系人的名称

方法二：

在 Outlook Express 主窗口的联系人窗格内右击选定的收件人,从弹出的快捷菜单中选择"发送电子邮件"命令,如图 4-59 所示。

图 4-59　联系人窗格内选定收件人

其余步骤同方法一的步骤(3)、步骤(4)和步骤(5)。

方法三：

(1) 在 Outlook Express 窗口中,依次执行菜单栏上的"文件"→"新建"→"邮件"菜单命令,或单击工具栏上的"创建邮件"按钮,打开"新邮件"窗口。

(2)依次执行菜单栏上的"工具"→"选择收件人"菜单命令,或单击"收件人"、"抄送"文本框左侧的按钮,弹出如图 4-60 所示的"选择收件人"对话框。

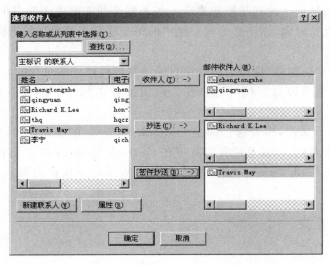

图 4-60 "选择收件人"对话框

(3)在如图 4-60 所示的"选择收件人"对话框中,分别选定收件人、抄送人和密件抄送人,然后依次执行"收件人"、"抄送"和"密件抄送"命令按钮,单击"确定"命令按钮。

注意:密件抄送是指只有发件人和列在"密件抄送"框中的人才知道这封信是发送给谁的。如果把一封邮件同时发送给多人,"收件人"和"抄送"框中的所有人都可以看到其他的接收对象。

(4)如图 4-61 所示,在"新邮件"窗口中,收件人、抄送对象和密件抄送对象都已自动添加,单击"发送"按钮即可将邮件发送出去。

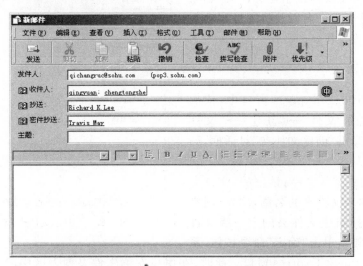

图 4-61 自动填写收件人、抄送和密件抄送对象

4．归纳分析

通过本任务可以看出,在发送新邮件时使用通信簿会使操作变得非常方便,用户不必手工输入收件人的地址。尤其是经常要给一些人发送同样的电子邮件时,可以选择联系人组作为邮件的发送对象,而不必为同一组中的每个联系人都单独发送同一封邮件,大大提高了工作效率。

本任务中是以“新邮件”窗口为例介绍自动填写邮件地址的过程的,实际上,在“转发”邮件窗口中,用户也可以进行同样的操作。希望读者在“转发”邮件窗口中亲自操作试一试。

另外,从形式上来说,尽管通信簿是 Outlook Express 的一个附件,但它是作为一个独立文件的形式存在的,也就是说我们既可在 Outlook Express 中使用它,也可单独对其进行调用(启动 Outlook Express 安装文件夹下的 Wab. exe 文件即可),这就极大地扩展了其应用范围。

4.3.4 管理文件夹

1．目标与任务分析

本任务主要解决以下问题:使用 Outlook Express 一段时间后,收件箱中的邮件会很多,如何从众多邮件中快速有效地查找所需的邮件,是每个用户都要面临的问题。

2．操作思路

Outlook Express 提供了文件夹管理功能,用户可根据邮件的类别分别建立不同的文件夹,然后将邮件移动到相应的文件夹中。利用此功能用户可根据邮件的类别快速查找所需的邮件。

管理文件夹主要涉及新建文件夹、删除文件夹、为文件夹重命名以及将邮件移动到指定文件夹中等操作。

3．操作步骤

(1) 在 Outlook Express 窗口中,依次执行菜单栏上的“文件”→“新建”→“文件夹”菜单命令,弹出“创建文件夹”对话框,如图 4-62 所示。

(2) 在“创建文件夹”对话框的“文件夹名”文本框中输入文件夹的名称,例如“同事来信”,然后选择新建文件夹的上一级文件夹,例如“收件箱”,单击“确定”命令按钮,系统自动返回 Outlook Express 窗口。此时,在窗口左侧文件夹列表区中的“收件箱”文件

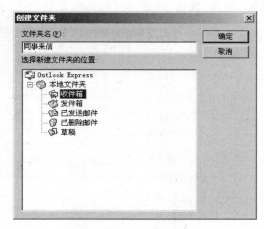

图 4-62 “创建文件夹”对话框

夹下即可看到新建的"同事来信"子文件夹,此文件夹目前并未包含任何邮件,如图 4-63
所示。

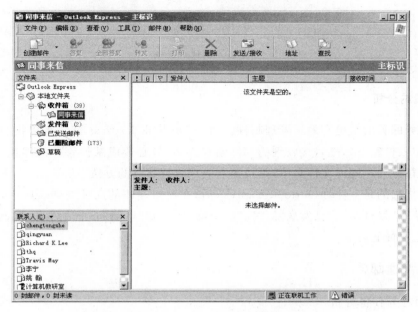

图 4-63 "收件箱"文件夹下新建的子文件夹

(3) 新文件夹创建后,若对其名称不满意,还可以对文件夹重命名。Outlook Express
窗口中,鼠标右键单击要重命名的文件夹,从快捷菜单中选择"重命名"命令,弹出"重命名
文件夹"对话框,对话框中输入文件夹的新名称,单击"确定"命令按钮,即可完成文件夹重
命名的操作。

(4) 在默认情况下,接收的电子邮件都存放在"收件箱"中。为方便以后查阅使用,可
将邮件按类别移动到不同的文件夹中。

右击要移动的邮件,在弹出的快捷菜
单中选取"移动到文件夹"命令,弹出如
图 4-64 所示的"移动"对话框,在该对话框
中选定目标文件夹,单击"确定"命令按
钮,即可将选定的邮件移动到指定的文件
夹中。

除此之外,移动邮件到其他文件夹,
也可以采用拖动的方法:选定要移动的邮
件后,按住鼠标左键将邮件拖动到目标文
件夹后,再松开左键。

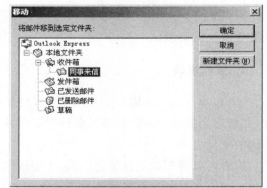

图 4-64 "移动"对话框

(5) 若要删除新建的文件夹,可按如
下步骤操作:右击要删除的文件夹,从弹出的快捷菜单中选择"删除"命令,在图 4-65 所
示的确认对话框中单击"是"命令按钮,即可将新建文件夹移动到"已删除文件夹"。

图 4-65　确认对话框

4. 归纳分析

本任务的目的是更有效地管理邮件。由于 Outlook Express 默认将接收的电子邮件都存放在"收件箱"中,随着接收到的邮件越来越多,势必造成邮件管理的困难,将邮件分门别类地存放到不同的文件夹中,是快速有效地管理邮件的方法。

需要指出的是:启动 Outlook Express 后,在窗口左侧的文件夹列表区中,会默认出现"收件箱"、"发件箱"、"已发送邮件"、"已删除邮件"和"草稿"五个文件夹,以上文件夹不能改名,也不能删除。

4.3.5　管理邮件

1. 目标与任务分析

在 4.3.4 节中,为了快速有效地管理邮件,可将邮件分门别类地存放到不同的文件夹中,但这些操作都是通过手工方法完成的,是否可以让以上操作自动完成呢? 这正是本任务中主要解决的问题。

发送新邮件时,用户会在电子邮件的落款处写上自己的姓名、电话、工作单位等信息,如果发送每一封邮件都要重复以上操作是很麻烦的,是否可以在发送邮件时自动插入设定好的签名呢? 本任务将解决这个问题。

除此之外,在 Outlook Express 窗口的邮件列表区设置邮件的不同显示方式,也是本任务要解决的问题。

2. 操作思路

Outlook Express 提供了自动管理邮件的功能,用户可以提前为接收到的邮件设置条件,并指定当接收到的邮件满足条件时所存放到的文件夹,这样就可以将邮件自动存放到不同的文件夹中。

用户可以事先设定好签名(即电子邮件落款处显示的发送者姓名、电话、工作单位等信息),而不必对每封电子邮件都手工输入签名信息,只需在发送邮件时自动插入设定好的签名即可。

可以在 Outlook Express 窗口的邮件列表区设置邮件的不同显示方式,仿照 Windows 对文件的管理方式,指定邮件的排序依据,然后选择升序或降序排列,以便于管理。

3. 操作步骤

（1）依次执行 Outlook Express 窗口菜单栏上的"工具"→"邮件规则"→"邮件"菜单命令，弹出如图 4-66 所示的"新建邮件规则"对话框。

（2）在"新建邮件规则"对话框的"选择邮件条件"列表框中，为接收到的邮件选择一个或多个前提条件，本任务中选取"若'发件人'行中包含用户"复选框，此时在"规则描述"列表框中会自动出现"若'发件人'行中包含用户"超链接。

（3）在"新邮件规则"对话框的"选择规则操作"列表框中，选择一个或多个复选框，以确定如何处理满足所设条件的邮件，本任务中选取"移动到指定的文件夹"复选框，此时在"规则描述"列表框中会自动出现"移动到指定的文件夹"超链接。

（4）在"规则描述"列表框中单击"包含用户"超链接，弹出"选择用户"对话框，如图 4-67 所示。单击"通信簿"命令按钮，弹出"规则地址"对话框，如图 4-68 所示。

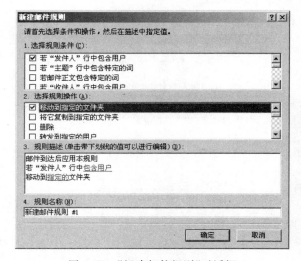

图 4-66　"新建邮件规则"对话框

图 4-67　"选择用户"对话框

（5）在"规则地址"对话框中，依次选定邮件前提条件中所指定的用户，单击"发件人"按钮，将选定的用户姓名添加到"规则地址"列表框中，单击"确定"命令按钮，返回到图 4-67 所示的"选择用户"对话框，单击"确定"命令按钮。

（6）在"新邮件规则"对话框的"规则描述"列表框中，单击"指定的"超链接，弹出"移动"对话框（如图 4-69 所示），选定满足条件时将邮件存放到的文件夹，本任务中选定"同事来信"文件夹，单击"确定"命令按钮，返回到图 4-66 所示的"新建邮件规则"对话框，单击"确定"命令按钮，完成对邮件的设置操作。

以后，当接收到指定用户的邮件时，Outlook Express 会自动将邮件存放到"同事来信"文件夹中。

（7）若要提前设定自己的签名，可依次执行 Outlook Express 窗口菜单栏上的"工具"→"选项"菜单命令，打开如图 4-70 所示的"选项"对话框，单击"签名"选项卡，单击"新建"命令按钮，在"编辑签名"文本框中输入签名信息，单击"确定"命令按钮。

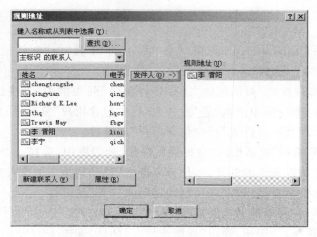

图 4-68 "规则地址"对话框

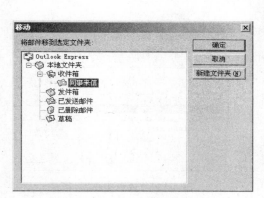

图 4-69 "移动"对话框

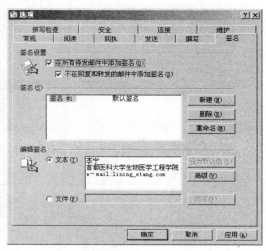

图 4-70 "选项"对话框

　　如果想在发送的所有邮件中均使用签名,可选中"在所有待发邮件中添加签名"和"不在回复和转发的邮件中添加签名"两个复选框。

　　若签名有多个,可在签名区域里选定一个签名,单击"设为默认值"按钮,将该签名设置为默认的签名。

　　(8)签名设置好以后,系统自动保存所有设置,Outlook Express 将在所有发送的邮件中自动插入签名,如图 4-71 所示。

　　如果不想在所有的发送邮件中均使用签名,可在图 4-70 所示的对话框中清除"在所有待发邮件中添加签名"复选框。此后,当待发送的邮件需要签名时,依次执行"新邮件"窗口菜单栏上的"插入"→"签名"菜单命令,即可将已设定好的签名插入到要发送的邮件中。

　　(9)要在 Outlook Express 窗口的邮件列表区设置邮件的不同显示方式,可以单击邮

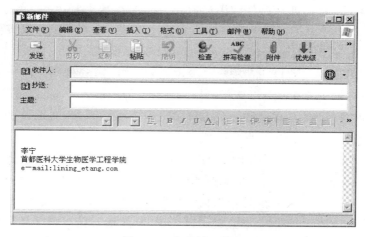

图 4-71　自动插入签名

件列表区的邮件列标题。例如,单击"接收时间"列标题以后,列标题上会出现一个正三角,表示以接收时间为依据升序排列邮件;若要以接收时间为依据降序排列邮件,只需再单击一次列标题,此时列标题上会出现一个倒三角,表示降序排列邮件。

另外,还可以依次执行 Outlook Express 窗口菜单栏上的"查看"→"排序方式"菜单命令,选取排序的依据并设置升序或降序排列邮件。

(10) 如果信箱中的邮件过多或一些邮件已经不再需要,为确保今后能方便地阅读邮件,应及时将它们从信箱中删除。选定要删除的邮件(可以同时选定多个),单击工具栏上的"删除"按钮,即可将选定的邮件删除。

系统先将删除的邮件存放在"已删除邮件"文件夹中,若要彻底删除邮件,可在"已删除邮件"文件夹中选定邮件,再进行一次删除。

若要恢复存放在"已删除邮件"文件夹中的邮件,可在"已删除邮件"文件夹中右击要恢复的邮件,从弹出的快捷菜单中选择"移动到文件夹"选项,然后在弹出的"移动"对话框中选定目标文件夹,单击"确定"命令按钮。

4. 归纳分析

在介绍了管理文件夹操作的基础上,本任务详细介绍了 Outlook Express 中管理邮件的操作,希望读者将 4.3.4 小节和 4.3.5 小节的相关操作结合起来,做一个邮件管理的综合练习,以保证在实际工作中能够快速高效地管理邮件。

本章小结

1. Outlook Express(简称 OE)是常用的客户端电子邮件应用程序,它内嵌在 Windows 操作系统中,是 Internet Explorer 的一个组件。

2. 创建电子邮件账户的目的是建立与 ISP 邮件服务器的连接,这是使用 Outlook

Express 收发电子邮件的前提条件。用户需要事先准备好从 Internet 服务提供者(ISP)处得到的相关信息,主要包括邮件服务器的地址、账户名、密码以及收发邮件服务器的地址。其中,邮件服务器的地址可以是域名,也可以是 IP 地址。

3. Outlook Express 允许一个用户有多个账户,此时需要将其中的一个账户设置为默认账户,以后在发送邮件时就以该账户作为发件人的地址。

4. Outlook Express 不仅允许一个用户建立多个邮件账户,而且允许多个用户在同一台计算机上共同使用 Outlook Express。

5. 多个用户在同一台计算机上共同使用 Outlook Express 时,每个用户一定要为自己建立一个标识。为了防止他人登录、更改或删除此标识,需要对自己的标识进行密码保护。Outlook Express 切换到新的标识后,就像一个用户单独使用 Outlook Express 一样,该用户拥有自己的一套完整、独立的邮件系统,有效地避免了多个用户的电子邮件相互混在一起,不便管理的现象。

6. 将邮件下载到本地后,用户既可以在 Outlook Express 主窗口的邮件预览区中阅读邮件,也可以打开单独的邮件窗口,在该窗口中阅读邮件。

7. 在邮件中使用附件,可以将附件随同邮件一起发送给收件人。Outlook Express 可将绝大多数格式的文件作为附件发送出去,如文本、图片、声音、动画、HTML 文档等。

8. 回复与转发邮件是实际工作中经常遇到的操作,使用 Outlook Express 提供的回复与转发功能,用户免去了许多手工录入操作,可以方便快捷地完成以上任务。

9. 基于 Web 的电子邮件是指,用户的邮件账户实际上是一个 Web 站点,它将 Web 功能和电子邮件综合为一体。它最大的好处在于,当用户经常使用不同的计算机收发邮件时,不必在每台计算机上都设置自己的账户,可以从任何连接因特网的计算机上访问自己的电子邮件。与基于客户端的电子邮件不同的是,用户收发电子邮件都是在网页上进行的,所以基于 Web 的邮箱也称为在线邮箱。

10. 用户可以使用通信簿保存联系人的信息,如电子邮件地址、家庭和单位地址、电话和传真以及主页等信息。使用通信簿最大的好处在于,创建新邮件时,可利用通信簿查找联系人的地址,免去了手工输入收件人地址的麻烦。

11. Outlook Express 把联系人信息放在通信簿中管理,如果联系人太多,会造成信息混乱,不便管理。此时可仿照 Windows 对文件的管理办法,在通信簿中建立子文件夹,然后将不同联系人的信息分类存放于不同的文件夹中,以便于管理。

12. 将同一封电子邮件发送给同一类人,是日常工作中经常遇到的操作,解决此问题的最好方法就是在 Outlook Express 中将联系人分类,并为不同的联系人创建不同的联系人组。这样,用户可以选择联系人组作为邮件的发送对象,而不必为同一组中的每个联系人都单独发送同一封邮件。

13. 由于 Outlook Express 默认将接收到的电子邮件都存放在"收件箱"中,随着接收到的邮件越来越多,势必造成邮件管理的困难。将邮件分门别类地存放到不同的文件夹中,是快速有效地管理邮件的方法。

习题

4.1 举例说明电子邮件的地址格式。

4.2 什么是 POP3？什么是 SMTP？

4.3 启动 Outlook Express 后，依次执行菜单栏上的"查看"→"布局"菜单命令，在弹出的"窗口布局属性"对话框中，根据自己的习惯改变 Outlook Express 的界面布局。

4.4 在 Web 网页上申请一个自己的邮箱，并按照网页上有关 POP3 内容的提示信息，在 Outlook Express 中添加自己的账户。

4.5 试一试用自己的信箱在 Outlook Express 中给朋友发送一封电子邮件，同时在该邮件中附带一个 Word 文档。

4.6 如何设置 Outlook Express？使多人使用 Outlook Express 在同一台计算机上发送邮件时，各自的邮件彼此独立而互不影响。

4.7 接收朋友发给自己的邮件，并使用 Outlook Express 的回复功能回信。

4.8 简述 Outlook Express 通信簿的主要作用。

4.9 在 Outlook Express 中设置自己的签名，使所有发送的邮件均使用该签名。

4.10 在 Outlook Express 通信簿的"主标识的联系人"文件夹下新建立一个名为"同学"的文件夹，并在其中添加两个联系人；在"同学"文件夹下新建立一个名为"101 宿舍"的组，并添加若干个组成员。

4.11 在收件箱文件夹下新建一个名为"朋友来信"的文件夹，利用 Outlook Express 的自动邮件管理功能，将自己的邮箱设置为：当接收到的邮件的发件人属于指定用户时，邮件自动存放到"朋友来信"文件夹中。

第5章

参加网络新闻组

网络新闻组（Usenet）是为了方便人们对某些专题进行讨论而设计的，简单地说就是一个基于网络的计算机组合，这些计算机被称为新闻服务器，不同的用户通过一些软件可连接到新闻服务器上，阅读其他人发布的消息并参与讨论。新闻组是所有人向新闻服务器投递的消息的集合，它是一个完全交互式的超级电子论坛，是任何一个网络用户都能进行相互交流的工具。在新闻组中，人们可以对感兴趣的话题进行讨论，可以阅读来自新闻组的邮件并向其投递邮件。本章将以 Outlook Express 为平台，介绍与新闻组有关的操作。

本章要介绍的内容有：

- 网络新闻组的基本概念
- 添加和设置新闻组账户
- 预订与阅读新闻
- 脱机阅读新闻
- 管理新闻组邮件
- 加入网上专题讨论，投递新闻邮件或回复新闻邮件

5.1　设置网络新闻组账户

5.1.1　网络新闻组概述

新闻组这个名字本身多少会产生一点歧义，这里所谓的"新闻"并不是通常意义上的传播媒体所提供的各种新闻，而是在网络上开展的对各种问题的讨论和交流。许多内容相关的新闻被组织在一起，形成一个个的新闻组，参加者对感兴趣的新闻组以电子邮件的形式提交个人的问题、意见和建议。

新闻组的实现方式与电子邮件服务非常相似，它们都是以邮件形式进行传递的，但是，新闻组与电子邮件的本质区别在于，电子邮件通常是双向的、私密的，也就是在两个用户之间传递消息，而新闻组是多向的、开放的，多个用户共同查看同一条消息，任何人都可以对消息进行评价和讨论。新闻组与万维网上的论坛在技术上完全不同，但功能上却是

比较相似的。新闻组通常使用网络新闻传输协议（Network News Transfer Protocol，NNTP），使用特定的客户端程序（如 Outlook Express 等）来阅读和发送讨论的内容。

加入新闻组是 Internet 上的一项重要活动。参与新闻组活动的网络用户通过新闻服务器以收发邮件的形式上网发布消息和下载信息，可以针对某一主题展开讨论，而这些不同的讨论主题就称为新闻组。

新闻服务器是由公司、团体或个人负责维护的，Internet 服务提供商（ISP）为用户建立与新闻服务器的连接，用户可以在 Outlook Express 中为某一新闻服务器设置账户，从而在此新闻服务器提供的新闻组中找到自己感兴趣的主题，以接收邮件的方式阅读其他人的观点，以发送邮件的方式在网上发表自己的意见。这些你来我往的讨论都是以电子邮件的方式进行传递的，所以，这些新闻也称为邮件新闻。

5.1.2　设置新闻组账户

1. 目标与任务分析

和使用 Outlook Express 收发电子邮件一样，在加入新闻组之前也需要用户创建自己的新闻组账户。若要创建自己的新闻组账户，首先要从 Internet 服务提供者（ISP）处得到相关信息，以便建立与新闻服务器的连接。一般情况下，用户需要得到以下信息：

- 新闻服务器的 IP 地址或域名。
- 是否需要登录以获取对新闻服务器的访问？ 如果需要，用户名和密码是什么？

本任务中，将介绍用户从 Internet 服务提供者（ISP）处得到相关信息后，在 Outlook Express 中如何创建自己的新闻组账户。在此以新帆新闻组为例，其新闻服务器的域名为 news. newsfan. net，该新闻组不需要登录以获取对新闻服务器的访问，因此无需用户名和密码。

2. 操作思路

与创建电子邮件账户一样，Outlook Express 为用户提供了专用的连接向导，借助该向导程序，用户可方便地创建自己的新闻组账户。

3. 操作步骤

（1）启动 Outlook Express 程序，依次执行菜单栏上的"工具"→"账户"菜单命令，如图 5-1 所示，弹出"Internet 账户"对话框。

（2）在"Internet 账户"对话框中，单击"新闻"选项卡，单击"添加"命令按钮，在弹出的菜单中选择"新闻"选项，如图 5-2 所示。

（3）Outlook Express 将打开"Internet 连接向导"对话框，在"显示名"文本框中输入用户的姓名，如图 5-3 所示。所输入的姓名将出现在用户向新闻组投递的文章中，此时不妨给自己起一个别致的名字，以引起大家的注意，相信你的邮件点击率一定会很可观。然后单击"下一步"命令按钮。

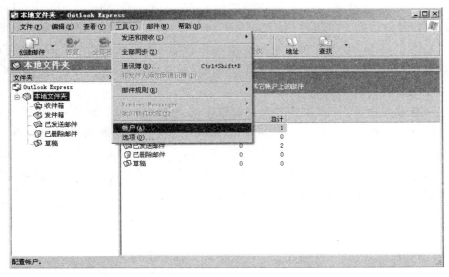

图 5-1　选取"账户"命令

图 5-2　"Internet 账户"对话框

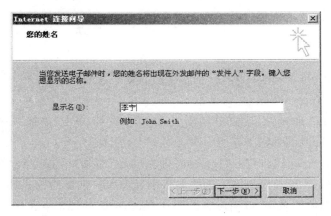

图 5-3　"Internet 连接向导"之一

（4）如图 5-4 所示，在"电子邮件地址"文本框中输入用户的电子邮件回复地址，该邮件地址也将出现在用户向新闻组投递的文章中，单击"下一步"命令按钮。

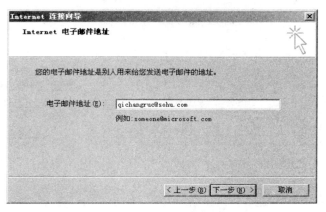

图 5-4 "Internet 连接向导"之二

（5）如图 5-5 所示的"Internet 连接向导"对话框，在"新闻服务器"文本框中输入新闻服务器的域名或 IP 地址，在此输入 news. newsfan. net，单击"下一步"命令按钮。

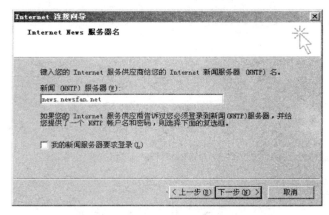

图 5-5 "Internet 连接向导"之三

注意：如果新闻服务器要求登录以获取对新闻服务器的访问，可选中"我的新闻服务器要求登录"复选框，单击"下一步"命令按钮，然后在弹出的对话框中依次输入账户名和密码。

（6）如图 5-6 所示，在"Internet 连接向导"对话框中单击"完成"命令按钮，返回到"Internet 账户"对话框，单击"关闭"命令按钮，完成创建新闻组账户的操作。

（7）单击"关闭"命令按钮，弹出如图 5-7 所示的下载新闻组提示框，单击"是"命令按钮，开始下载新闻组列表。

（8）下载新闻组列表完毕后，将显示"新闻组预订"对话框，如图 5-8 所示。在新闻组列表中选定要预订的新闻组类别后，单击"订阅"命令按钮，此时该类别前面会出现预订图标，单击"确定"命令按钮，完成新闻组的预订，返回到 Outlook Express 主窗口，此时被预订的新闻组将出现在窗口右侧的邮件列表区中，如图 5-9 所示。

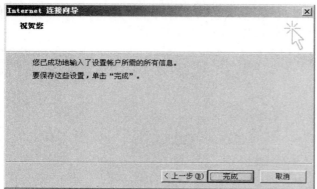

图 5-6 "Internet 连接向导"之四   图 5-7 下载新闻组提示框

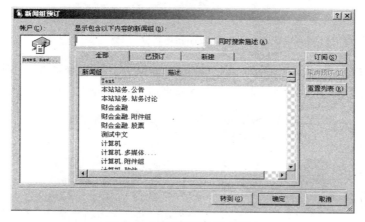

图 5-8 "新闻组预订"对话框

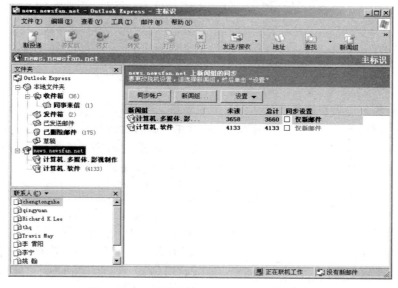

图 5-9 预订的新闻组出现在邮件列表区中

4. 归纳分析

完成本任务的目的是建立与新闻服务器的连接,这是使用 Outlook Express 阅读、投递新闻邮件的前提条件。用户需要事先准备好从 Internet 服务提供者(ISP)处得到的相关信息,主要包括新闻服务器的 IP 地址或域名,如果新闻服务器要求登录以获取对新闻服务器的访问,还需要账户名和密码。

Internet 上的新闻服务器非常多,平时要注意多收集其 IP 地址或域名。读者可以在 IE 浏览器地址栏中输入 http://www.tile.net/news,以获取世界各地的新闻服务器的网址。

5.2 预订、阅读新闻及管理新闻组邮件

5.2.1 预订新闻组

1. 目标与任务分析

在 5.1.2 小节中,设置新闻组账户的同时也完成了预订新闻组的操作,本任务主要介绍在设置新闻组账户时没有预订新闻组(即在该操作的步骤(7)"下载新闻组"提示框中,单击"否"命令按钮)的情况下,如何预订新闻组的操作。

2. 操作思路

完成设置新闻组账户的操作后,如果没有预订新闻组,在 Outlook Express 窗口的文件夹列表区中只增加一个以新闻服务器名称命名的新目录,窗口右侧的窗格是空白的,如图 5-10 所示。此时若要预订新闻组,需打开如图 5-8 所示的"新闻组预订"对话框,在该对话框中完成预订新闻组的操作。

3. 操作步骤

(1) 启动 Outlook Express 程序,在该程序窗口右侧的文件夹列表区中选定新闻服务器。

(2) 依次执行菜单栏上的"工具"→"新闻组"菜单命令,或单击窗口工具栏上的"新闻组"按钮,弹出"新闻组预订"对话框,如图 5-11 所示。

(3) 在"新闻组预订"对话框中,单击"全部"选项卡,该新闻服务器为我们提供的所有新闻组都将显示在列表框内,选定自己感兴趣的新闻组,本任务中选定"计算机、多媒体、影视制作"和"计算机、软件"两个新闻组,单击"订阅"命令按钮,对选定的新闻组进行预订。

此时,预订过的新闻组前出现了一个图标,如图 5-11 所示,单击"确定"命令按钮,即可完成预订新闻组的操作。

(4) 如果不想预订某新闻组,而只是想浏览一下该新闻组中的邮件,可在图 5-11 所

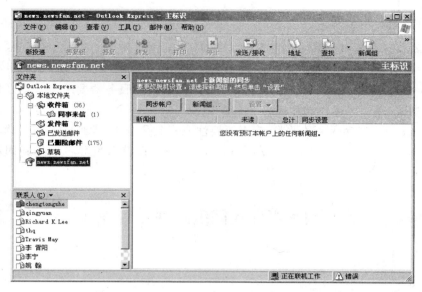

图 5-10　没有预订新闻组的 Outlook Express 窗口

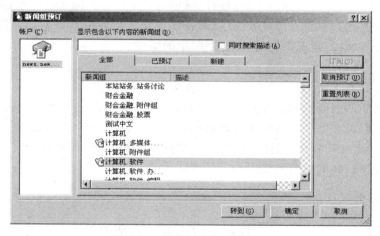

图 5-11　"新闻组预订"对话框

示的"新闻组预订"对话框中选定新闻组后,单击"转到"按钮,跳过预订这一步骤,在联机状态下,直接进入所选新闻组,阅读新闻。

(5) 如果想取消已经预订的新闻组,可在图 5-11 所示的"新闻组预订"对话框中选定已预订的新闻组,单击"取消预订"按钮,取消预订。

4. 归纳分析

预订新闻组是阅读新闻的前提,如果用户对某些新闻组感兴趣,并经常阅读该新闻组的邮件,则应当首先预订该新闻组。预订后的新闻组会在 Outlook Express 窗口的邮件列表区中出现,便于以后经常访问。

5.2.2 阅读新闻邮件

1. 目标与任务分析

如前所述,预订新闻组是阅读新闻邮件的前提,本任务将介绍预订新闻组后阅读新闻邮件的相关操作。

2. 操作思路

阅读新闻邮件大体可以分成以下两种情况:在线阅读邮件和脱机阅读邮件。在线阅读是指在连接 Internet 的情况下阅读新闻组邮件;脱机阅读是指无须连接到 Internet 的情况下阅读新闻组邮件,其工作原理是:先将新闻邮件下载到用户的计算机,然后断开与 Internet 的连接,并在此状态下阅读邮件,脱机阅读最大的好处是可以节省上网费用。

本任务中将分别介绍在以上两种情况下阅读新闻邮件的操作。

3. 操作步骤

首先介绍在线阅读新闻邮件的操作:

(1) 如图 5-12 所示,Outlook Express 窗口中,单击文件夹列表区已预订好的某个新闻组,本任务中选定上一个任务中已预订的"计算机、多媒体、影视制作"新闻组,此时在窗口的邮件列表区中将显示该新闻组中的邮件列表,邮件列表区的上部会出现该新闻组邮件标题,并有发件人、发送时间、邮件大小等列标题。

图 5-12　选定已预订好的新闻组

注意:一定要注意观察 Outlook Express 窗口的状态栏,可在状态栏中观察到此新闻组下载邮件、未读邮件和还未下载邮件的信息；另外，邮件列表区中有的邮件前面有加号框，说明该邮件内容已有人参与讨论，单击加号框，可展开此标题，看到所有有关的邮件，此时加号框变为减号框，邮件标题左边带有"Re："字样的，表明这是一封回信。

（2）在邮件列表区中，单击要浏览的邮件标题，邮件预览区会显示该邮件的内容，如图 5-13 所示。

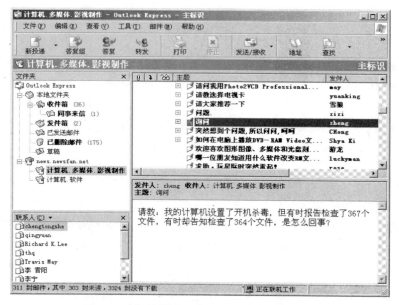

图 5-13　邮件预览区中显示选定邮件的内容

（3）如果要详细阅读某个邮件，可以在步骤（2）中双击该邮件标题，打开阅读邮件窗口，仔细阅读新闻邮件。邮件阅读窗口如图 5-14 所示。

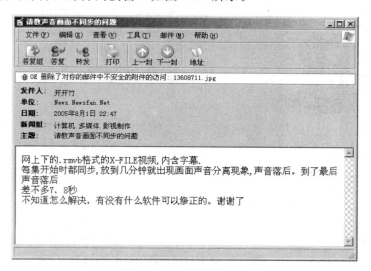

图 5-14　邮件阅读窗口

接下来介绍脱机阅读新闻邮件的操作：

（1）在 Outlook Express 窗口文件夹列表区中，单击已设置好的某新闻服务器，在邮件列表区中选定一个或多个（选定多个时要按住 Ctrl 键单击选定）要脱机阅读邮件的新闻组。

（2）如图 5-15 所示，单击"设置"命令按钮，在下拉菜单中根据需要选取不同的选项。下拉菜单中各项的含义如下：

- 所有邮件：下载新闻组全部邮件的标题和邮件正文。
- 只要新邮件：下载新邮件（即最近一次同步后新发送到新闻服务器上的邮件）的标题和邮件正文。
- 只要邮件标头：仅下载全部邮件的标题。

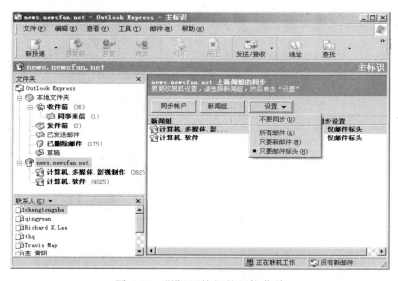

图 5-15 "设置"按钮的下拉菜单

（3）单击"同步账户"命令按钮，Outlook Express 按照设置将新闻组的指定内容下载到用户的计算机中，下载过程如图 5-16 所示。

（4）下载完毕后就可以断开连接，在脱机状态下阅读邮件了，如图 5-17 所示。此时既可以单击要浏览的邮件标题，在邮件预览区中阅读该邮件，也可以双击该邮件标题，打开阅读邮件窗口，仔细阅读新闻邮件的内容。

4. 归纳分析

本任务中介绍了预订新闻组后阅读新闻邮件的相关操作，在此，读者一定要区分电子邮件与新闻邮件的区别：新闻邮件与电子邮件不同，不是只有收件人才能阅读，而是所有访问新闻组的用户都可以阅读。

阅读新闻邮件大体可以分成以下两种情况：在线阅读邮件和脱机阅读邮件。无论是哪种情况，用户既可以单击要浏览的邮件标题，在邮件预览区中阅读该邮件，也可以双击该邮件标题，打开阅读邮件窗口仔细阅读新闻邮件的内容。这些操作与阅读电子邮件的

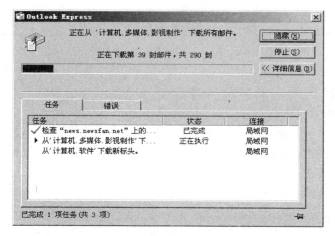

图 5-16　新闻邮件的下载过程

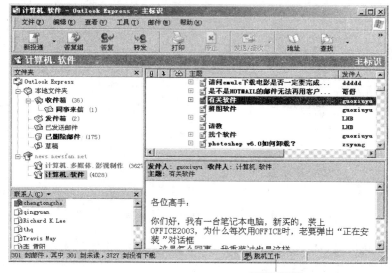

已断开连接

图 5-17　脱机状态下阅读邮件

操作是完全相同的。

5.2.3　管理新闻组邮件

1. 目标与任务分析

本任务将介绍管理新闻组邮件的相关操作,主要涉及如何从众多的新闻邮件中快速查找到感兴趣的邮件,如何删除已下载到本地计算机上的新闻邮件,以及如何将新闻邮件重新排序等操作。

2. 操作思路

利用 Outlook Express 提供的查找功能，用户可以方便地检索到感兴趣的邮件进行阅读。由于新闻邮件存储在新闻服务器上供大家阅读，因此不能删除服务器上的新闻邮件。本任务中将要介绍的删除邮件的操作仅仅指删除已下载到自己计算机上的新闻邮件。

3. 操作步骤

（1）在 Outlook Express 窗口的文件夹列表区中，选定要进行查找的新闻组，依次执行菜单栏上的"编辑"→"查找"→"此文件夹中的邮件"菜单命令，弹出"查找"对话框，如图 5-18 所示。

图 5-18　"查找"对话框

（2）在"查找"对话框中输入要搜索的关键字，选定"搜索所有下载邮件的正文"复选框，单击"查找下一个"命令按钮，Outlook Express 将搜索到的包含关键字邮件的标题突出显示，该邮件内容将在窗口的邮件预览区显示，如图 5-19 所示。

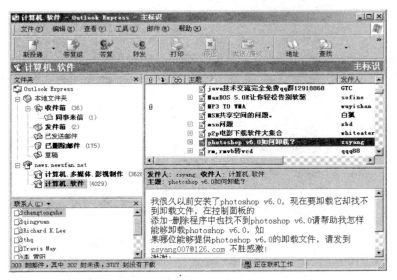

图 5-19　显示搜索结果

注意：如果搜索到的结果太多，或者没有找到所需的邮件，可以在"查找"对话框中单击"高级查找"命令按钮，输入更多的信息，以缩小搜索范围。

（3）若要删除已下载到本地计算机上的新闻邮件，可依次执行 Outlook Express 窗口菜单栏上的"工具"→"选项"菜单命令，弹出"选项"对话框，如图 5-20 所示，在该对话框中单击"维护"选项卡，单击"立即清除"命令按钮。

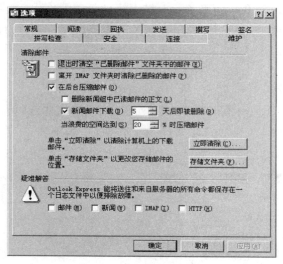

图 5-20　"选项"对话框

（4）如图 5-21 所示，在弹出的"清理本地文件"对话框中，单击"浏览"命令按钮，打开 Outlook Express 对话框，如图 5-22 所示。

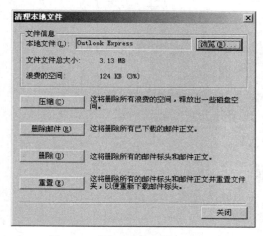

图 5-21　"清理本地文件"对话框

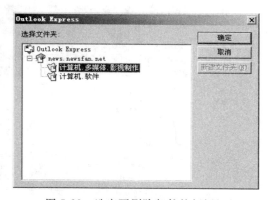

图 5-22　选定要删除邮件的新闻组

（5）在 Outlook Express 对话框中，选定要删除邮件的新闻组，单击"确定"命令按钮，返回到如图 5-21 所示的"清理本地文件"对话框，在该对话框中单击"删除"命令按钮，弹出如图 5-23 所示的提示框，单击"是"命令按钮，此时所选定的新闻组中已下载的新闻邮件已从用户的计算机上删除，如图 5-24 所示。

（6）若要在 Outlook Express 窗口的邮件列表区设置新闻邮件的不同显示方式，可以单击邮件列表区的邮件列标题，如单击"发送时间"列标题，单击后在列标题上出现一个正

图 5-23　删除提示框

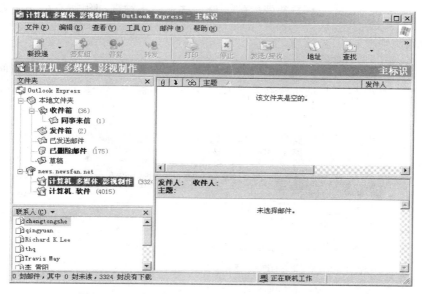

图 5-24　选定的新闻邮件已从用户的计算机上删除

三角,表示以发送时间为依据,升序排列邮件;若要以发送时间为依据,降序排列邮件,只需再单击一次列标题,此时列标题上出现一个倒三角,表示降序排列邮件。

另外,还可以依次执行 Outlook Express 窗口菜单栏上的"查看"→"排序方式"菜单命令,选择排序的依据并设置以升序或降序方式排列邮件。

4. 归纳分析

管理新闻组邮件的目的是快速有效地找到自己感兴趣的邮件。通过完成本任务,可以发现,管理新闻组邮件的操作与管理电子邮件的操作基本类似,值得注意的是,由于新闻邮件存储在新闻服务器上供大家阅读,所以不能删除服务器上的新闻邮件,本任务中介绍的删除邮件操作仅仅指删除已下载到自己计算机上的新闻邮件。

5.3　向新闻组投递邮件

5.3.1　在新闻组中发表文章

1. 目标与任务分析

阅读了新闻组的邮件之后,用户可能希望参加新闻组的讨论或通过新闻组寻求某些帮助,此时就可以在新闻组中发表文章了。本任务主要介绍在新闻组中发表文章的相关操作。

2. 操作思路

与下载邮件相反,用户可以把自己的意见或提出的问题建立一个主题,以邮件的形式发送到相应的新闻组,真正参与新闻组的讨论。该邮件将被新闻组所有的访问者看到。

3. 操作步骤

(1) 在 Outlook Express 窗口的文件夹列表区选定要往其中投递邮件的新闻组,单击工具栏上的"新投递"按钮,或依次执行菜单栏上的"文件"→"新建"→"新闻邮件"菜单命令,打开"新邮件"窗口,如图 5-25 所示。

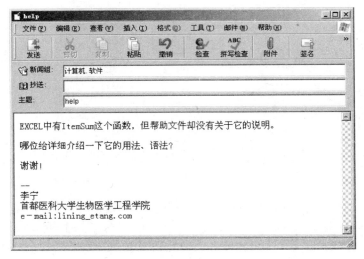

图 5-25　"新邮件"窗口

(2) 观察图 5-25 所示的新邮件窗口,可以发现,选中的新闻组已经被自动添加到"新闻组"文本框中,依次输入邮件的主题和正文。

(3) 若想把此邮件投递到多个新闻组(这些新闻组必须在同一个新闻服务器中),可依次执行新邮件窗口菜单栏上的"工具"→"选择新闻组"菜单命令,或单击新闻组文本框旁的"新闻组"按钮,弹出如图 5-26 所示的挑选新闻组对话框。

(4) 在挑选新闻组对话框中,单击"仅显示已预订的新闻组"命令按钮,列表框中将显示出该新闻服务器的所有新闻组,依次选定要投递邮件的新闻组并单击"添加"命令按钮,单击"确定"命令按钮,返回到新邮件窗口,此时用户所选定的多个新闻组将显示在该窗口的"新闻组"文本框中。

(5) 在新邮件窗口中,单击工具栏上的"发送"按钮,弹出如图 5-27 所示的"张贴新闻"对话框,单击"确定"命令按钮,即可将撰写的邮件发送到指定的新闻组中。

(6) 向某新闻组投递邮件后,用户还可以从新闻组中取消该邮件,让自己的邮件从新闻邮件列表中消失。

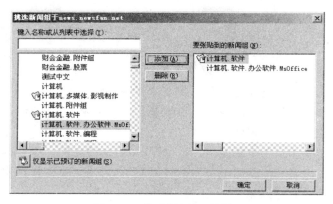

图 5-26　挑选新闻组对话框

在 Outlook Express 窗口中，选定自己已投递的新闻邮件，依次执行菜单栏上的"邮件"→"取消邮件"菜单命令，弹出如图 5-28 所示的对话框，单击"确定"命令按钮，即可将选定的邮件从新闻服务器中取消。

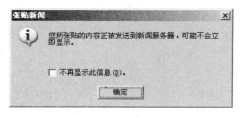

图 5-27　"张贴新闻"对话框

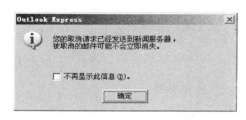

图 5-28　取消邮件对话框

注意：如果在取消邮件之前，已有用户下载了此邮件，则该操作不可能从已下载此邮件的用户的计算机中删除该邮件；另外，只能取消自己已投递的邮件，而不能取消他人投递的邮件。

（7）如果邮件过大，新闻服务器会限制邮件的发送与接收，此时可将过大的邮件拆分成几个部分，当接收到该邮件时，Outlook Express 会将拆分的部分重新合并到一个邮件中。

在 Outlook Express 窗口中，依次执行菜单栏上的"工具"→"账户"菜单命令，弹出"Internet 账户"对话框，在"新闻"选项卡中单击"属性"命令按钮，打开如图 5-29 所示的新闻服务器属性对话框。

在新闻服务器属性对话框中，单击"高级"选项卡，选中"拆分大于"复选框，在数值增减量框中输入可发送邮件的最大值，单击

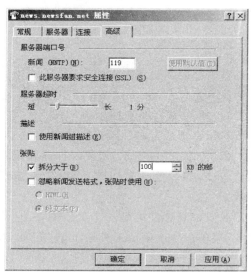

图 5-29　新闻服务器属性对话框

"确定"命令按钮。

4. 归纳分析

如前所述,网络新闻组(Usenet)是为了方便人们对某些专题进行讨论而设计的,因此,在新闻组中发表文章是常见的操作。完成本任务的操作时读者要注意以下几个问题:

- 只有确信你的邮件会引起许多人的兴趣,才可以将邮件投递到新闻组中;否则最好单独给某个人回复邮件。
- 可以将邮件投递到多个新闻组,但这些新闻组必须在同一个新闻服务器上。如果要将邮件投递到其他新闻服务器的新闻组中,必须为每个新闻服务器创建单独的邮件。
- 撰写新闻邮件时,可以添加签名和附加文件,也可以使用信纸,操作方法与电子邮件的操作基本相同。

5.3.2 回复新闻邮件

1. 目标与任务分析

阅读了新闻组的邮件后,如果想发表自己的意见,可以对该邮件进行回复。本任务将介绍有关回复新闻邮件的操作。

2. 操作思路

本任务中,将分两种情况讨论回复新闻邮件的操作,即回复新闻组和回复原作者。

二者的区别如下:回复新闻组是指当我们对某一邮件主题感兴趣时,可以参与讨论,把回信张贴到此邮件所在的新闻组,使所有访问此新闻组的用户都能阅读该邮件;回复原作者是指不想让所有新闻组的用户都能看到我们的邮件,而只与邮件的作者讨论问题,此时可将邮件发送到原作者的电子邮箱中。

3. 操作步骤

首先介绍回复新闻组的操作:

(1) 在 Outlook Express 窗口的邮件列表区中,选定要回复的邮件。

(2) 依次执行菜单栏上的"邮件"→"答复新闻组"菜单命令,或单击工具栏上的"答复组"按钮,弹出回复邮件编辑窗口,如图 5-30 所示。

(3) 如图 5-30 所示,回复邮件编辑窗口中邮件主题已自动添加完毕,用户只需输入邮件正文,然后单击工具栏上的"发送"按钮,即可将回复的邮件发送到新闻组中供大家阅读。

若要回复邮件给原发件人,只需在步骤(2)中依次执行菜单栏上的"邮件"→"答复发件人"菜单命令或单击工具栏上的"答复"按钮,其他操作步骤与回复新闻组操作完全相同,在此不再赘述。

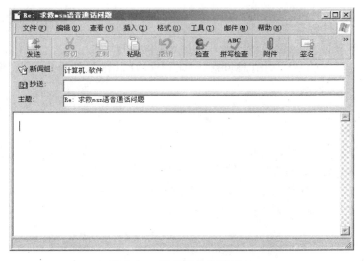

图 5-30　回复邮件编辑窗口

4. 归纳分析

与回复电子邮件不同,回复新闻邮件分成回复新闻组和回复原作者两种情况,读者应分清二者的不同之处。

本章小结

1. 新闻组是所有人向新闻服务器所投递消息的集合,它是一个完全交互式的超级电子论坛,是任何一个网络用户都能进行相互交流的工具。

2. 建立与新闻服务器的连接,是使用 Outlook Express 阅读、投递新闻邮件的前提条件。用户需要事先准备好从 Internet 服务提供者(ISP)处得到的相关信息,主要包括新闻服务器的 IP 地址或域名,如果新闻服务器要求登录以获取对新闻服务器的访问,还需要账户名和密码。

3. 预订新闻组是阅读新闻的前提,如果用户对某些新闻组感兴趣,并经常阅读该新闻组的邮件,则应当首先预订该新闻组。预订后的新闻组会在 Outlook Express 窗口的邮件列表区中出现,便于用户以后经常访问。

4. 新闻邮件与电子邮件不同,不是只有收件人才能阅读,而是所有访问新闻组的用户都可以阅读。

5. 阅读新闻邮件大体可以分成以下两种情况:在线阅读邮件和脱机阅读邮件。无论是哪种情况,用户既可以单击要浏览的邮件标题,在邮件预览区中阅读该邮件,也可以双击该邮件标题,打开阅读邮件窗口仔细阅读新闻邮件的内容。

6. 利用 Outlook Express 提供的查找功能,用户可以方便地检索到感兴趣的邮件进行阅读。单击邮件列表区的邮件列标题,可以在 Outlook Express 窗口的邮件列表区设置新闻邮件的不同显示方式。

    7. 由于新闻邮件存储在新闻服务器上以供大家阅读,因此,不能删除服务器上的新闻邮件,但用户可删除已下载到自己的计算机上的新闻邮件。

    8. 如果确信自己的邮件会引起许多人的兴趣,可以将邮件投递到新闻组中,否则最好单独给某个人回复邮件。

    9. 撰写新闻邮件时,可以添加签名和附加文件,也可以使用信纸,操作方法与电子邮件的操作基本相同。

    10. 当我们对某一邮件主题感兴趣时,可以参与讨论,把回信张贴到此邮件所在的新闻组,使所有访问此新闻组的用户都能阅读该邮件。

    11. 如果不想让所有新闻组的用户都能看到自己的邮件,而只想与邮件的作者讨论问题,此时可将邮件发送到原作者的电子邮箱中。

习题

5.1   设立网络新闻组的目的是什么?

5.2   新闻组与电子邮件的本质区别是什么?

5.3   已知"济南万千"新闻组的新闻服务器 IP 地址为 202.102.170.164,该新闻组不需要登录以获取对新闻服务器的访问,因此无需用户名和密码,试一试在 Outlook Express 中设置该新闻组的账户。

5.4   在"济南万千"新闻服务器中预订自己感兴趣的新闻组,并阅读该新闻组中的新闻邮件,最后向某新闻组投递邮件。

5.5   讨论:能否在没有预订新闻组的情况下阅读该新闻组中的新闻?

5.6   如何设置脱机阅读新闻邮件。

5.7   设置自己的新闻账户,使可发送新闻邮件的最大值为 100KB。

5.8   回复新闻组与回复邮件作者有什么区别?

第6章

网上资源搜索及上传下载

Internet 是一个巨大的信息资源库，内容之丰富及数量之大超乎想象，而且其中的信息资源每分每秒都在快速增长。用户在欣喜于呈现在自己面前的这个巨大信息资源宝库之余，也常常为如何更快速地找到自己所需要的那一部分信息而苦恼。本章将要介绍的搜索操作能够帮助用户较好地解决这个问题。

Internet 资源的一部分是供用户实时浏览的，如新闻、报道等，已经在前面的 IE 操作中实现了以上功能。但 Internet 的另外很大一部分资源是需要将其"下载"到用户的本地机上长期使用的，如计算机软件、声音、图片和数据资料等，还有些时候用户希望将自己的某些"成果"作为资源"上传"到 Internet 供其他用户共享。所谓下载，就是将 Internet 网上的资源（如软件、声音、图片和文档资料等）保存到用户个人计算机硬盘的过程，而上传正好相反，是将用户个人计算机中的资源传送到 Internet 上的过程。Internet 实现文件上传下载功能的基础是 FTP（File Transfer Protocol，文件传输协议），它是 Internet 的重要协议之一，是在 Internet 中提供文件传输服务、实现上传下载功能的重要保证。从实用的角度出发，在下载过程中用户最关心的问题是：网络连接意外中断怎么办？如何在网络硬件设备不变的情况下提高下载的速度？随着计算机技术的进步，这两个问题目前都有了较好的解决方法。本章将要介绍的断点续传技术及多线程下载技术较好地解决了以上两个问题。

本章要介绍的内容有：

- 网上资源搜索的含义
- 使用 IE 进行简单搜索操作
- 搜索引擎的作用、分类和特点
- 使用常见搜索引擎的搜索操作
- 网上资源上传下载的含义
- 上传前信息的压缩和下载后信息的解压缩处理
- 上传下载操作及常用上传下载工具软件的使用

6.1 搜索及 IE 搜索操作

6.1.1 了解搜索

1. 什么是搜索

搜索是指在 Internet 大量的信息资源中找到用户所需要的那一部分内容。特别是当用户对自己所关心的内容只有方向或方面的考虑,而对于其具体的名称、地址、形式、时间、大小以及特点等都知之甚少时,就更需要一些行之有效的快速的搜索方法,来帮助用户精确地定位到他所需要的具体内容。

2. 常用搜索方法

常用的搜索方法主要有两大类,一类是直接使用 IE 浏览器提供的搜索功能进行搜索,另一类就是使用搜索引擎进行搜索。

6.1.2 使用 IE 浏览器的搜索功能进行搜索

1. 目标与任务分析

IE 浏览器本身提供了简单方便的搜索功能,本任务的目的就是希望通过实例掌握其使用方法。

2. 操作思路

在 IE 浏览器中有两种操作方法可以启动其搜索功能:一是在 IE 地址栏中直接输入搜索命令,二是使用 IE 工具栏中的"搜索"按钮。下面以搜索"奥运会"相关信息为例,学习以上两种操作方法。

3. 操作步骤

实例 1:在 IE 地址栏中直接输入搜索命令进行搜索的操作方法。IE 允许的搜索命令可以是 GO、FIND 或"?",搜索命令后面是空格及待查找内容的关键词。

(1) 启动 IE 浏览器后,删去地址栏中原有的内容,再输入"GO 奥运会"(或"FIND 奥运会"或"? 奥运会")。

(2) 按 Enter 键,IE 就可以搜索到大量的相关结果,如图 6-1 所示。

实例 2:使用 IE 工具栏中的"搜索"按钮进行搜索的操作方法。

(1) 启动 IE 浏览器后,单击工具栏上的"搜索"按钮,则在浏览区左侧打开"搜索"窗格。注意,此按钮为开关按钮,即只要再单击一次就可以关闭"搜索"窗格。

(2) 在搜索输入栏中输入搜索关键词(如"奥运会")后,单击"搜索"命令按钮即可搜索到大量的相关搜索结果,如图 6-2 所示。

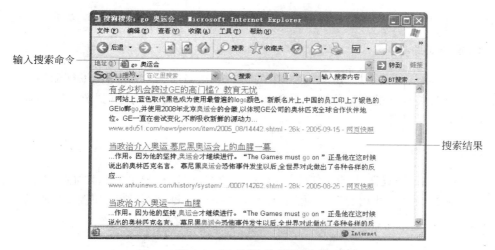

输入搜索命令————

搜索结果————

图 6-1　IE 的"地址栏"搜索

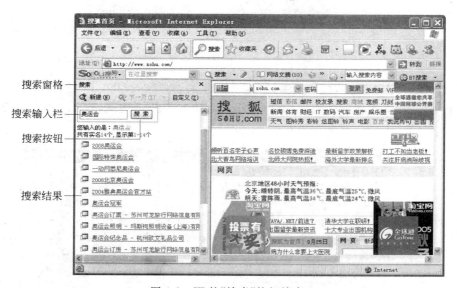

搜索窗格————

搜索输入栏————

搜索按钮————

搜索结果————

图 6-2　IE 的"搜索"按钮搜索

4. 归纳分析

　　IE 浏览器的搜索功能实质上是通过链接到某些专业搜索站点来实现的,但由于功能本身存在局限性,因此搜索出的相关结果数量很大。如何在这大量的搜索结果中进一步筛选,以求获得更精确的搜索结果,将在下一节"搜索引擎"中介绍。

6.1.3　使用 IE 浏览器在当前网页中搜索

1. 目标与任务分析

　　即使是在某一确定的网页上,其所包含的信息内容也是大量的。用户若希望快速准确地定位到当前网页中某个具体目标位置,可使用 IE 浏览器提供的相应功能达到目的。

2. 操作思路

使用 IE 浏览器菜单栏"编辑"菜单下的"查找(在当前页)"命令,可以帮助用户在当前网页中搜索某关键词的准确位置。下面就以在某网页中搜索关键词"数学"为例,介绍具体的操作方法。

3. 操作步骤

(1)启动 IE 浏览器后,依次执行菜单栏中的"编辑"→"查找(在当前页)"命令,打开"查找"对话框,在"查找内容"文本框中输入待查找的关键词"数学",如图 6-3 所示。

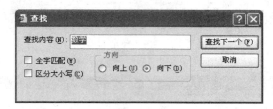

图 6-3 "查找"对话框

(2)根据具体需要可设置"全字匹配"、"区分大小写"和查找"方向"等选项,然后单击"查找下一个"命令按钮。若查找到结果,则网页中对应的关键词将会突出显示,如图 6-4 所示。

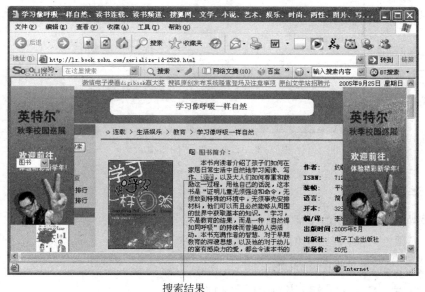

搜索结果

图 6-4 网页内查找的结果

(3)继续单击"查找下一个"命令按钮,可以查找其他匹配的关键词的位置。

4. 归纳分析

6.1.2 小节所介绍的是在整个 Internet 上按某关键词搜索相关网页的操作,而本任务完成的是在已打开的当前网页中查找某关键词所在的具体位置,要注意二者的区别。

6.2 搜索引擎及操作

随着 Internet 信息资源日益飞速增长,采用一般搜索方法得到的相关搜索结果仍是数以万计,用户要想在如此庞大的相关搜索结果中获得自己真正需要的内容仍然困难重重。避免搜索结果过多过杂,要求搜索快速有效且定位准确,已经成为用户强烈需要的 Internet 功能。接下来将要介绍的搜索引擎就为用户提供了更有效的 Internet 搜索功能和搜索技巧。

6.2.1 了解搜索引擎

1. 什么是搜索引擎

搜索引擎本质上就是 Internet 的一种服务功能,主要由专业服务提供商为用户提供方便快捷的信息资源搜索服务,它的实际存在形式表现为用户可以通过 URL 访问的专业网站。例如当今最受欢迎的搜索引擎 Google,用户可以通过 URL:http://www.Google.com 访问它的网站,以获得专业的搜索服务。

2. 常见搜索引擎的种类

目前常见的搜索引擎主要有两大类,即全文搜索引擎和目录索引搜索引擎。

全文搜索引擎较著名的有国外的 Google 和国内的百度(Baidu),它们通过从 Internet 上收集所有网站信息建立数据库,当用户按照某种查询条件提出搜索请求时,通过检索数据库查找到匹配的相关记录,再按照一定的排列顺序将结果反馈给用户。

目录索引搜索引擎较著名的有国外的 Yahoo(雅虎)和国内的搜狐(sohu)及新浪(sina),它们将从 Internet 上收集的网站信息按照某种分类原则编制成多层次的分类主题目录,当用户查询时,可以通过对该目录的逐层检索获得所需要的结果信息。

目前,全文搜索引擎因其方便灵活的查询语法、更快的查询速度以及准确的查准率而更加受到用户的喜爱。

6.2.2 Google 搜索引擎的特点、启动和设置

1. 目标与任务分析

Google 是当今世界上最受欢迎的搜索引擎之一,它具有如下特点:

- 提供简单的关键词搜索、短句搜索以及需要一定语法规则的高级搜索等功能。
- 支持多达 30 多种语言的搜索以及不同语言页面的翻译转换。

- 提供"网页快照"功能,即暂时不实际链接到待查网页所属的网站,而是将数据库中保存的待查网页直接提供给用户。
- 字母搜索不区分大小写。

本任务主要介绍 Google 搜索引擎的特点和设置。

2. 操作思路

Google 启动后,将介绍 Google 主页面中各个按钮的作用,以及将 Google 工具栏集成到 IE 中的操作方法。

3. 操作步骤

(1) 启动 IE 浏览器,在地址栏中输入 http://www.google.com 后按 Enter 键,打开 Google 主页面,如图 6-5 所示,其中各主要部分功能如下。

图 6-5　Google 搜索主页面

- 搜索类别选择:用户可单击选择待搜索内容的类别,默认为网页。
- 搜索文本输入框:用于直接输入待搜索关键词或短句。
- 开始搜索按钮:单击该按钮,Google 开始进行实际搜索操作。
- 搜索范围选择:单击选择网页的语言范围。
- Google 工具大全按钮:单击该按钮,可以在打开的页面中选择使用 Google 提供的各种工具,还可以获得 Google 操作方法的全面帮助。
- 设 Google 为 IE 主页按钮:单击该按钮,可将 Google 设置为 IE 启动后首先显示的页面。

(2) 为了方便用户,Google 提供了可以集成在 IE 中的工具栏,用户无须打开 Google 主页,即可直接使用工具栏在 IE 中进行 Google 搜索。单击图 6-5 中的"Google 大全"按钮,打开"Google 大全"页面,如图 6-6 所示。

(3) 单击图 6-6 中的"下载 Google 工具栏"按钮,打开 Google 工具栏页面,如图 6-7 所示。

图 6-6　"Google 大全"页面

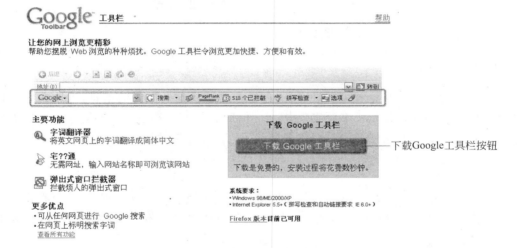

图 6-7　"Google 工具栏"页面

（4）单击图 6-7 中的"下载 Google 工具栏"按钮，即可下载得到 Google 工具栏的安装程序文件。在"我的电脑"或"Windows 资源管理器"中双击下载得到的 Google 工具栏安装程序文件，再按屏幕提示操作即可将 Google 工具栏集成到 IE 中，如图 6-8 所示。

4. 归纳分析

将 Google 工具栏集成到 IE 中，既方便了用户的搜索操作，又可以获得 Google 提供的很多其他功能。若需要了解更多的 Google 操作技巧，可单击图 6-5 中的"Google 大全"

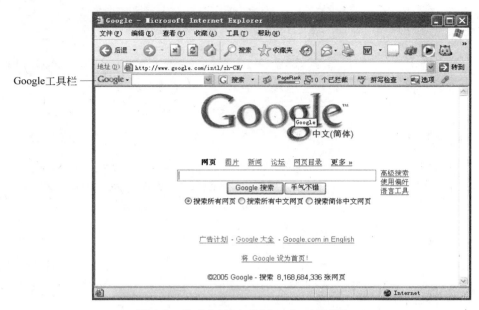

Google工具栏——

图 6-8   集成在 IE 中的"Google 工具栏"

按钮,打开的"Google 大全"页面中的"搜索帮助",获得更多信息。

6.2.3   使用 Google 搜索引擎进行搜索操作

1. 目标与任务分析

搜索引擎最根本的作用就是帮助用户迅速准确地找到所需要的信息,为达到这个目的,所有的搜索引擎都提供了多种实现方法。本任务的目标就是学习使用 Google 提供的主要搜索方法和技巧,关键在于掌握用于表示用户搜索意图的搜索语法。

2. 操作思路

下面将通过若干个实例来说明 Google 常用的搜索语法。若无特别说明,只要将符合Google 搜索语法的搜索语句直接输入到图 6-5 中的"搜索文本输入框"中以后,再单击"Google 搜索"按钮,即可获得 Google 返回的搜索结果。

3. 操作步骤

实例 1:简单关键词搜索。假设用户需要查找与"奥运会"有关的网页信息,只需按如下步骤操作即可:

(1)在图 6-5 中的"搜索文本输入框"中直接输入奥运会。

(2)根据需要选择网页搜索范围,如单击"搜索简体中文网页"按钮。

(3)单击"Google 搜索"按钮或按 Enter 键,得到如图 6-9 的搜索结果。

要特别注意的是,如果需要在完成第一次搜索的结果中,按某关键词再进一步搜索,则只需在图 6-9 的"继续搜索输入框"中输入新关键词,再单击"在此搜索结果内再搜索"

图 6-9 Google 搜索结果页面

按钮即可。

实例 2：简单短句搜索。假设用户需要查找与 IBM PC 有关的网页信息,则只需按如下步骤操作即可：

(1) 在图 6-5 中的"搜索文本输入框"中直接输入"IBM PC"。

要特别注意的是,在 Google 中,关键词与短句的区别在于短句中可以含有空格,且在"搜索文本输入框"中输入短句时必须使用英文引号。

(2) 根据需要选择网页搜索范围,如单击"搜索所有网页"按钮。

(3) 单击"Google 搜索"按钮或按 Enter 键,则在得到的所有搜索结果网页中,都必然含有完整连续的短句 IBM PC,而不会是那些虽然含有 IBM 和 PC,但却没有组成完整连续短句的网页。

实例 3：同时含有多个关键词的搜索。假设用户需要查找既与 IBM 有关又与 PC 有关的网页信息,则只需按如下步骤操作即可：

(1) 在图 6-5 中的"搜索文本输入框"中直接输入 IBM PC。

要特别注意的是,在 Google 中,多关键词搜索与短句搜索的区别在于各关键词之间以空格隔开,但不能使用英文引号,而短句则必须使用英文引号。

(2) 根据需要选择网页搜索范围,如单击"搜索所有网页"按钮。

(3) 单击"Google 搜索"按钮或按 Enter 键,则在得到的搜索结果网页中必然同时含有 IBM 和 PC,但二者却不一定组成完整连续的句子。

当然,在以上各搜索实例中,多关键词也可以是中文或者中英文混合,如"奥运会 2008 篮球馆"、"IBM 联想 笔记本"等都是 Google 允许的多关键词或短句搜索语法。

实例 4：含有多个关键词的或搜索。假设用户需要查找与 IBM 或 PC 之一有关的网

页信息,则只需按如下步骤操作即可:

(1) 在图 6-5 中的"搜索文本输入框"中直接输入 IBM OR PC。

要特别注意的是,在多关键词之间加入搜索语法要求的 OR,表示只要是包含多关键词之中某一个或某几个的网页都可以作为搜索结果返回给用户,而不必同时包含所有的多个关键词。

(2) 根据需要选择网页搜索范围,如单击"搜索所有网页"按钮。

(3) 单击"Google 搜索"按钮或按 Enter 键,则得到的搜索结果是只含有 IBM 和 PC 二者之一的网页。

此例中的多关键词也可以是中文或者中英文混合,如"奥运会 OR 2008 OR 篮球馆"、"IBM OR 联想 OR 笔记本"等都是 Google 允许的多关键词搜索语法。

实例 5:不含有某个关键词的搜索。假设用户需要查找含有关键词 IBM,但却不含有关键词 PC 的网页信息,则只需按如下步骤操作即可:

(1) 在图 6-5 中的"搜索文本输入框"中直接输入 IBM-PC。

要特别注意的是,以上搜索语法的一般格式为"关键词-关键词",其中,首关键词表示要求搜索结果中必须含有,而尾关键词表示要求搜索结果中不能含有,两关键词之间用减号"-"隔开。

(2) 根据需要选择网页搜索范围,如单击"搜索所有网页"按钮。

(3) 单击"Google 搜索"按钮或按 Enter 键,则得到的搜索结果是含有关键词 IBM 但却不含有关键词 PC 的网页。

实例 6:含有通配符的搜索。Google 支持通配符"＊",用于代表其所在位置的一个字符或汉字。假设用户需要以某人姓名作为搜索关键词,但又不记得其中的某个字,则只需按如下步骤操作即可:

(1) 在图 6-5 中的"搜索文本输入框"中直接输入"李＊兴"。

要特别注意的是,在 Google 中使用通配符搜索时,关键词必须加英文引号。

(2) 根据需要选择网页搜索范围,如单击"搜索简体中文网页"按钮。

(3) 单击"Google 搜索"按钮或按 Enter 键,则得到的搜索结果网页中必含有"李×兴"。

要特别注意的是,Google 返回的搜索结果首先是包含"李"与"兴"之间间隔任意一个字的网页,随后的搜索结果也包含了"李"与"兴"之间间隔任意多个字的网页。

实例 7:在某一类文件中的搜索。Google 不仅支持在网页中的搜索,而且还支持在某些常见类型的文件中的搜索,如微软的 Office 文档.doc、.xls、.ppt 以及 Adobe 的.pdf 文档等,为此 Google 提供了搜索语法:filetype:.扩展名。假设用户需要查找含有关键词"数据仓库"的.doc 文档或.pdf 文档,则只需按如下步骤操作即可:

(1) 在图 6-5 中的"搜索文本输入框"中直接输入:数据仓库 filetype:doc OR filetype:pdf。

(2) 根据需要选择网页搜索范围,如单击"搜索简体中文网页"按钮。

(3) 单击"Google 搜索"按钮或按 Enter 键,则 Google 返回的搜索结果中列出了搜索到的含有关键词"数据仓库"的.doc 或.pdf 文档链接,单击其中某个链接即可打开对应的文档文件。

实例 8：在某一个或某一类网站中的搜索。Google 支持把搜索范围局限在某一个或某一类网站中，为此 Google 提供了搜索语法：site:域名。假设用户需要在中文教育类网站中查找含有关键词"数据仓库"的相关页面信息，则只需按如下步骤操作即可：

(1) 在图 6-5 中的"搜索文本输入框"中直接输入：数据仓库 site:edu.cn。

(2) 根据需要选择网页搜索范围，如单击"搜索简体中文网页"按钮。

(3) 单击"Google 搜索"按钮或按 Enter 键，则 Google 返回的搜索结果中列出了搜索到的含有关键词"数据仓库"的中文教育类网站信息。

实例 9：在某一专题链接下对某关键词的搜索。Google 支持把搜索范围局限在网站某一分类专题或分类目录的链接中。为此 Google 提供了搜索语法：inurl:分类关键词"搜索关键词"。假设用户需要查找 MP3 歌曲"弯弯的月亮"，则只需按如下步骤操作即可：

(1) 在图 6-5 中的"搜索文本输入框"中直接输入：inurl:MP3"弯弯的月亮"。

此例中的 MP3 为分类关键词，歌名"弯弯的月亮"为搜索关键词。应特别注意，搜索关键词需加英文引号。

(2) 根据需要选择网页搜索范围，如单击"搜索简体中文网页"按钮。

(3) 单击"Google 搜索"按钮或按 Enter 键，则 Google 返回的搜索结果中列出了搜索到的含有关键词为 MP3 的分类链接，且在该链接下含有关键词"弯弯的月亮"相关内容的网站信息。

实例 10：对网页标题中关键词的搜索。为了更快速地进行搜索，Google 支持对出现在网页标题中的关键词的搜索。为此 Google 提供了搜索语法：intitle:关键词。假设用户希望了解奥运冠军刘翔的标题信息，则只需按如下步骤操作即可：

(1) 在图 6-5 中的"搜索文本输入框"中直接输入：intitle:奥运会 刘翔。

注意，此例要求网页标题中同时含有两个关键词"奥运会 刘翔"。

(2) 根据需要选择网页搜索范围，如单击"搜索简体中文网页"按钮。

(3) 单击"Google 搜索"按钮或按 Enter 键，则 Google 返回的搜索结果中列出了搜索到的在网页标题中同时含有关键词"奥运会"和"刘翔"的网站信息。

实例 11：列出链接到某网页的所有其他网页。有时某些网站很关心自己的网页都被哪些其他网页链接了，特别是一些个人网站或新建立的网站。为此 Google 提供了搜索语法：link:域名。假设用户希望了解链接到 Google 网站的网页都有哪些，则只需按如下步骤操作即可：

(1) 在图 6-5 中的"搜索文本输入框"中直接输入：link:www.Google.com。

(2) 根据需要选择网页搜索范围，如单击"搜索简体中文网页"按钮。

(3) 单击"Google 搜索"按钮或按 Enter 键，则 Google 返回的搜索结果中列出了搜索到的所有含有到 www.Google.com 的链接的网站信息。注意，有时此搜索并不能真正搜索到所有的链接网站信息，遗漏可能还是存在的。

实例 12：Google 的图片、新闻、论坛和网页目录搜索。Google 还支持对图片、新闻、论坛和网页目录等的分类搜索。假设用户需要香港明星刘德华的照片，则只需按如下步骤操作即可：

（1）在图 6-5 中的"搜索类别选择"中单击"图片"按钮。

（2）在图 6-5 中的"搜索文本输入框"中直接输入：刘德华。

（3）根据需要选择网页搜索范围，如单击"搜索简体中文网页"按钮。

（4）单击"Google 搜索"按钮或按 Enter 键，则 Google 返回的搜索结果中列出了搜索到的所有"刘德华"的图片。

对于其他的分类搜索，如新闻、论坛和网页目录等，用户也只需在图 6-5 中的"搜索类别选择"中单击相应的按钮进入对应页面即可，这里不再详述。

4. 归纳分析

通过以上实例，介绍了 Google 的主要搜索方法和搜索技巧，特别需要注意的是，在进行一些复杂搜索时，可以将各种搜索语法混合使用。例如，用户需要在中文教育网站中查找有关"数据库"的 pdf 文档，则只需按如下搜索语法输入即可：数据库 filetype：pdf site：edu. cn。

读者如果需要了解 Google 更多的搜索方法和搜索技巧，可以通过图 6-5 中的"Google 大全"按钮进入"搜索帮助"页面，一定能够得到更多的收获。

6.2.4 百度搜索引擎的启动、设置和使用

1. 目标与任务分析

百度被认为是中国的 Google，是目前国内最受欢迎的全文搜索引擎之一。其搜索方法及技巧与 Google 基本相同，已经学会使用 Google 搜索方法的用户很容易学会使用百度搜索。当然百度也有自己的一些特点，特别是在很多方面更符合中国人的使用习惯，如搜索分类的方式、对国内敏感问题的理解和反应速度以及更多适合中国人的搜索方法和技巧，还有就是百度提供给用户的"帮助中心"，非常适合中国用户自学其搜索方法和技巧。

本任务要达到的目标主要是了解百度在 IE 中的一些简单设置，了解如何使用百度的"帮助环境"自学更多的搜索方法和技巧。对于百度与 Google 基本相同的内容只做简要说明。

2. 操作思路

下面还是从启动并熟悉百度搜索主页面开始，逐步达到本任务中提出的目标。

3. 操作步骤

（1）启动 IE 浏览器，在地址栏中输入 http：// www. baidu. com 后按 Enter 键，打开百度主页面，如图 6-10 所示，各主要部分功能如下：
- 搜索类别选择：用户可单击选择待搜索内容的类别，默认为网页。
- 搜索文本输入框：输入待搜索关键词或短句。
- 开始搜索按钮：单击该按钮，百度开始搜索。

- 搜索帮助按钮：单击该按钮，进入百度帮助中心。
- 高级搜索按钮：单击该按钮，可以打开百度高级搜索页面，用户可以通过其中的项目选择和简单输入向百度提出综合复杂的搜索要求。
- 设为主页按钮：单击该按钮，可将百度设置为 IE 启动后首先显示的页面。
- 其他功能选择：列出了百度其他的一些功能供用户选择，特别是"搜索风云榜"，提供了当前社会各方面的热点排名，对用户很有参考价值。

图 6-10　百度搜索主页面

（2）为了方便用户，百度提供了"百度超级搜霸"工具软件，它可以帮助用户将百度搜索工具栏集成到 IE 中，使用户无须打开百度主页，即可直接使用工具栏进行百度搜索，另外还可以帮助用户屏蔽浏览时总是自动弹出的广告窗口。单击图 6-10 中"搜索类别选择"下的"更多"按钮，打开如图 6-11 所示的页面。

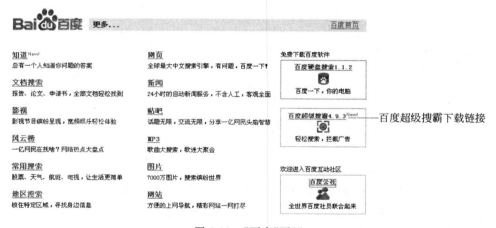

图 6-11　"更多"页面

（3）单击图 6-11 中的"百度超级搜霸"下载链接，打开如图 6-12 所示页面。

（4）单击图 6-12 中的"点击下载百度超级搜霸"按钮，即可下载百度超级搜霸安装文件；运行百度超级搜霸安装文件，即可将百度工具栏集成到 IE 中。

（5）百度提供了一个详细全面的"帮助中心"，用户可以将其下载到本机后离线阅读，

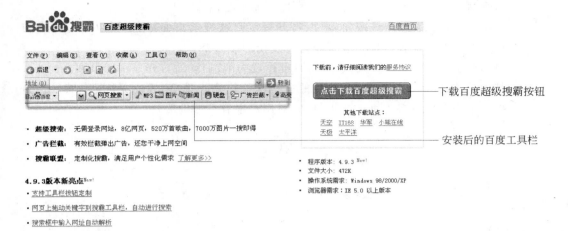

图 6-12　"百度超级搜霸"页面

能够学习到更多的搜索方法和技巧。单击图 6-10 中的"搜索帮助"按钮,打开如图 6-13 所示的"帮助中心"页面。

图 6-13　"帮助中心"页面

单击此页面中的各类帮助链接按钮,可以进入相应的帮助页面进行学习。如果用户希望离线阅读"帮助中心"内容,可以将其下载到本机,只要单击图 6-13 中的"点击此处下载百度帮助中心电子书"按钮,就可以下载名为 BaiduHelpBook.chm 的电子书文件到用户指定的文件夹。当用户需要阅读时,只需双击即可打开该文件,其使用方法也是单击页面中的各类帮助按钮,进入相应的帮助页面。

4. 归纳分析

百度从界面到操作方法与 Google 基本相同,特别是诸如 inurl、intitle、site 等搜索语法百度也都直接支持。当然,百度也有一些区别于 Google 的特色小功能,有需要的用户可以通过阅读如图 6-13 的"帮助中心"页面学习如何使用它们。

6.2.5 雅虎搜索引擎的特点、启动、设置和使用

1. 目标与任务分析

雅虎(Yahoo)是目录索引搜索引擎最早最典型的代表。从严格意义上说,目录搜索引擎不能算是真正的搜索引擎,早期的目录搜索引擎只是将所有网站按照某种原则分类制作而成的分类网站链接目录列表。用户在按某关键词搜索时,实际上搜索到的是与搜索关键词相关或相近的那一类网站,而不是像全文搜索引擎那样是搜索内容之中含有搜索关键词的网页。

目前的目录索引搜索引擎一般都与某个全文搜索引擎合作,在用户按关键词搜索时,其返回的搜索结果既有与搜索关键词相关或相近的那一类网站,也有内容之中含有搜索关键词的网页,可谓一举两得。像雅虎以及我国的新浪、搜狐等都是具有这种特点的目录索引搜索引擎。

本任务要达到的目标主要是学习雅虎搜索引擎的一些相关操作。

2. 操作思路

还是从启动并熟悉雅虎主页面开始,逐步达到本任务中提出的目标。

3. 操作步骤

(1) 启动 IE 浏览器,在地址栏中输入 http://www.yahoo.com.cn 后按 Enter 键,打开雅虎主页面,如图 6-14 所示。由于雅虎已发展为综合门户网站,因此该页面是雅虎的综合主页,并不是雅虎的主搜索页面,但利用其"搜索栏"也可以完成大部分搜索功能。例如用户需要搜索"红楼梦"相关信息,则可按如下步骤操作:

- 在"搜索栏"的"搜索文本输入框"中输入"红楼梦"。
- 单击选择某个搜索类别,如网页、图片或新闻。
- 单击"搜索"按钮,即可得到如图 6-15 所示的搜索结果页面。

图 6-14 雅虎主页面

(2) 如果希望进入雅虎的搜索页面进行更细致更专业的搜索操作,只需单击图 6-14 "搜索栏"中的"搜索首页"按钮,即可打开雅虎的搜索主页面,如图 6-16 所示。

(3) 雅虎的大部分搜索操作与其他搜索引擎基本相同或相似,最应该注意的是它作为目录索引搜索引擎的特点。下面就来看一看使用目录索引搜索的步骤和方法:

- 单击图 6-16"搜索类别选择"中的"类目"按钮,打开如图 6-17 所示的页面。

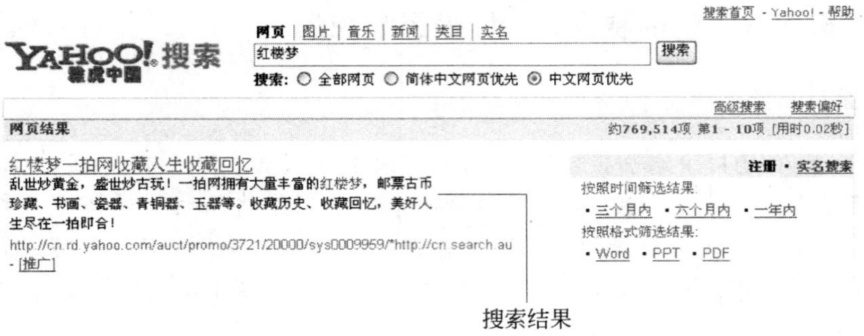

图 6-15 雅虎搜索结果页面

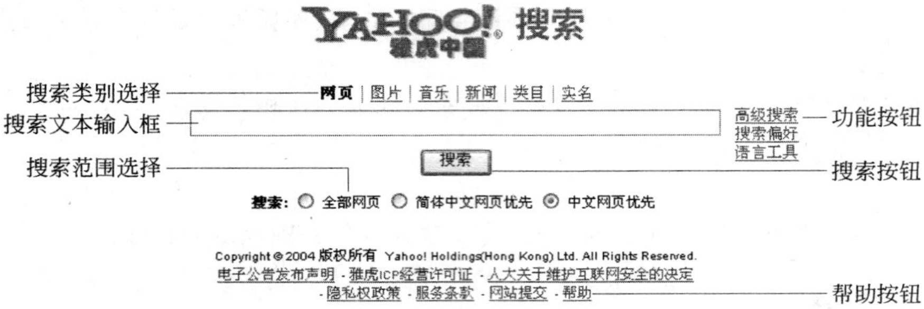

图 6-16 雅虎搜索主界面

图 6-17 "类目"页面

- 在"搜索文本输入框"中,用户可以输入搜索关键词,如"红楼梦",再单击"搜索"按钮即可得到搜索结果。但应特别注意,搜索结果是与搜索关键词相关或相近的网站目录索引,而不是内容包含搜索关键词的网页。

- 用户也可以通过单击"浏览雅虎分类目录"按钮,进入"雅虎网站分类"页面,如图 6-18 所示。通过单击其中各类链接按钮,一层层深入,查找自己所需的搜索结果。

- 另外,单击"功能选择"中的"服务与工具"按钮,可以进入相应的页面,其中包括雅

图 6-18　网站分类目录页面

虎提供的诸如安装雅虎 IE 工具栏等服务,读者不妨自己试一试。

（4）下面通过几个实例说明雅虎搜索关键词方面的常用语法格式:

- 几个关键词的"且"搜索:在几个关键词之间用空格隔开即可。例如在图 6-16 的 "搜索文本输入框"中输入形如"奥运会 乒乓球 双打"的语法格式,就表示搜索同 时含有这三个关键词的信息。

- 几个关键词的"或"搜索:在几个关键词之间用"|"隔开即可。例如在图 6-16 的 "搜索文本输入框"中输入形如"奥运会|乒乓球|双打"的语法格式,就表示搜索至 少含有这三个关键词之一的信息。

- 不包含某关键词搜索:在该关键词之前添加"一"即可。例如在图 6-16 的"搜索文 本输入框"中输入形如"奥运会一乒乓球"的语法格式,就表示搜索含有关键词"奥 运会"但不含有关键词"乒乓球"的信息。

- 短句搜索:给短句加上英文引号即可。例如在图 6-16 的"搜索文本输入框"中输 入形如"IBM PC"的语法格式,就表示搜索含有短句 IBM PC 的信息。

4. 归纳分析

雅虎作为目录索引搜索引擎的典型代表,在对网站的分类目录编排和搜索上是很有特 点的,当用户需要查找某一类网站时,按照上述步骤（3）的方法操作必能得到满意的结果。

但要特别说明的是,目前的两类搜索引擎正向相互融合的方向发展,常见的搜索引擎 都具有两类搜索引擎的双重功能。用户选择哪个搜索引擎用于日常的搜索操作,主要取 决于用户的使用习惯、使用印象、操作方便程度、搜索结果的全面性以及编排方式等因素。

6.2.6　新浪搜索引擎的启动、设置和使用

1. 目标与任务分析

新浪是中国目录索引搜索引擎的典型代表,目前已发展成为国内最大的门户网站,其

最传统的搜索引擎功能更是有了长足的进步和发展。新浪的搜索方法和技巧与上述其他常见搜索引擎也基本相同或相似。本任务将重点介绍新浪较为独到的搜索方法和技巧。

2. 操作思路

首先还是从启动并熟悉新浪搜索主页面开始,逐步达到在本任务中提出的目标。

3. 操作步骤

(1) 启动 IE 浏览器,在地址栏中输入 http://www.sina.com.cn 后按 Enter 键,打开新浪主页面,如图 6-19 所示,各相关部分功能如下:

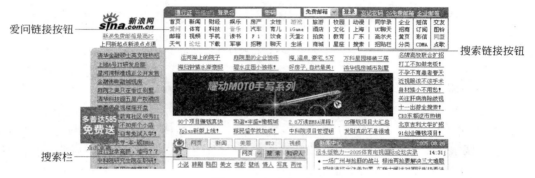

图 6-19　新浪主页面

- 搜索栏:用户可在此栏中直接输入搜索关键词并选择搜索类别后,单击"搜索"按钮进行快速搜索。
- 搜索链接按钮:单击此按钮后进入新浪搜索主页面,可使用新浪提供的更多搜索方法和技巧,如图 6-20 所示。

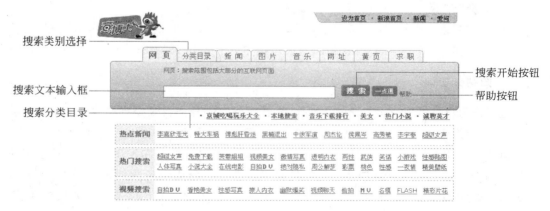

图 6-20　新浪搜索主页面

- 爱问链接按钮:单击进入新浪"爱问"功能页面,如图 6-21 所示。此功能是新浪的特色之一,用户只要在该页面的"搜索文本输入框"中输入希望得到答案的问题,如"怎样才能学好英语?",再单击"提问"按钮,在随后进入的页面中按屏幕提示操作,即可以得到网上热心人给出的各种答案。当然在此页面中也可以进行一般的搜索操作,只要在"搜索文本输入框"中输入搜索关键词,再单击"搜索"按钮即可。另外,图 6-19"搜索栏"中的"知识人"按钮也可以用来实现"爱问"功能。

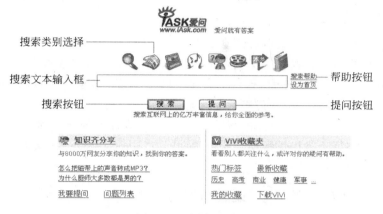

图 6-21 "爱问"页面

(2) 下面通过几个实例说明一下新浪搜索关键词方面的常用语法格式:

- 几个关键词的"且"搜索:只要在几个关键词之间用空格隔开即可。例如在图 6-20 的"搜索文本输入框"中输入形如"奥运会 乒乓球 双打"的语法格式,就表示搜索内容中同时含有这三个关键词的网页信息。

- 几个关键词的"或"搜索:只要在几个关键词之间用"OR"隔开即可。例如在图 6-20 的"搜索文本输入框"中输入形如"奥运会 OR 乒乓球 OR 双打"的语法格式,就表示搜索内容中至少含有这三个关键词之一的网页信息。

- 不包含某关键词搜索:只要在该关键词之前添加"-"即可。如在图 6-20 的"搜索文本输入框"中输入形如"奥运会-乒乓球"的语法格式,就表示搜索内容中含有关键词"奥运会"但不含有关键词"乒乓球"的网页信息。

- 短句搜索:只要给短句加上英文引号即可。例如在图 6-20 的"搜索文本输入框"中输入形如""IBM PC""的语法格式,就表示搜索内容中含有短句"IBM PC"的网页信息。

- 对某种文件类型的搜索:只要在文件类型关键词前加"filetype:"即可。例如在图 6-20 的"搜索文本输入框"中输入形如"数据仓库 filetype:pdf"的语法格式,就表示搜索内容中含有关键词"数据仓库"的 pdf 类型文件的网页信息。

- 对网页标题的搜索:只要在单关键词前加"intitle:",在多关键词前加"allintitle:"即可。例如在图 6-20 的"搜索文本输入框"中输入形如"刘翔 intitle:奥运会"的语法格式,就表示搜索标题中含有关键词"奥运会",内容中含有的"刘翔"的网页信息。又如在图 6-20 的"搜索文本输入框"中输入形如"allintitle:因特网 电子商务"的语法格式,就表示搜索标题中同时含有关键词"因特网"和"电子商务"的网页信息。

- 限定在某类或某个网站内的搜索：只要在网址关键词前加"site："即可。例如在图 6-20 的"搜索文本输入框"中输入形如"数据仓库 site：edu. cn"的语法格式，就表示搜索含有关键词"数据仓库"的中文教育类网页信息。

4. 归纳分析

新浪是国内目录索引搜索引擎的典型代表，在对网站的分类目录编排和搜索上也有独到之处。当用户需要查找某一类网站时，既可以通过图 6-20"搜索类别选择"中的"分类目录"按钮进入相应页面搜索，也可以直接在图 6-20 的"搜索分类目录"中单击各分类链接，再一层层深入搜索即可获得满意的搜索结果。

另外，新浪也提供了详细全面的帮助功能，它可以在用户操作遇到困难或者希望学习更多的搜索方法和技巧时提供帮助。获得帮助的方法是：在图 6-20 或图 6-21 中单击"帮助"按钮，进入相应的帮助环境。

6.2.7 搜狐搜索引擎的启动、设置和使用

1. 目标与任务分析

搜狐也是中国目录索引搜索引擎的典型代表，目前也已经发展成为国内有影响的门户网站之一，其传统的搜索引擎功能与新浪的搜索方法及技巧基本相同或相似，本任务只对搜狐的启动、设置和搜索方法做简要说明。

2. 操作思路

首先还是从启动并熟悉搜狐搜索主页面开始，逐步达到在本任务中提出的目标。

3. 操作步骤

（1）启动 IE 浏览器，在地址栏中输入 http：∥www. sohu. com 后按 Enter 键，打开搜狐主页面，如图 6-22 所示，各相关部分功能如下：
- 搜索栏：用户可在此栏中直接输入搜索关键词并选择搜索类别后，单击"搜索"按钮进行快速搜索。
- 搜索链接按钮：单击此按钮后进入搜狐搜索主页面，可使用搜狐提供的更多搜索方法和技巧。
- 搜狗链接按钮：单击进入搜狐升级后的搜索引擎——搜狗主页面，如图 6-23 所示。搜狗在原搜狐搜索引擎的基础上采用新技术，在搜索速度、搜索数据库规模和信息更新速度等方面都更上一层楼，是完全可以取代原搜狐搜索引擎的换代产品。

（2）在图 6-23 所示的搜狗主页面中进行搜索的操作与在图 6-20 所示的新浪搜索页面中进行搜索操作的方法和语法都基本相同，这里不再详述。下面介绍搜狗的一个新特色：搜狗直通车。搜狗直通车的外在表现为：在 IE 中安装的一个工具栏，使用户无须进入搜狗页面就可以在 IE 中直接进行搜狗搜索。但搜狗直通车的功能远远不止于此，还包

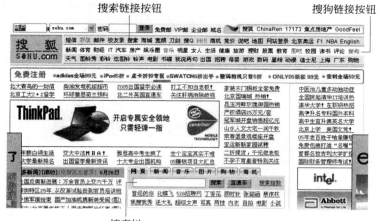

图 6-22　搜狐主页面

图 6-23　搜狗主页面

括诸如选择搜索引擎、高速下载、功能定制和广告拦截等多项功能。搜狗直通车的安装、设置如下：

- 在 IE 地址栏中输入地址 http：//tb．sogou．com/official/index．jsp 后按 Enter 键，打开"搜狗直通车"页面，如图 6-24 所示。

- 用户若希望了解"搜狗直通车"的详细功能，只需单击图 6-24 中的"功能介绍"按钮即可。

- 安装"搜狗直通车"有两种方法，一种方法是单击图 6-24 中的"在线安装"按钮，直接在 IE 中安装；另一种方法是单击图 6-24 中的"下载安装"按钮，先将"搜狗直通车"的安装文件下载到本地磁盘，再运行安装文件即可以将"搜狗直通车"安装到 IE 浏览器中。安装"搜狗直通车"后，其工具栏如图 6-25 所示。

功能介绍 ————

在线安装 ————

下载安装 ————

图 6-24 "搜狗直通车"页面

图 6-25 "搜狗直通车"工具栏

4. 归纳分析

搜狐作为目录索引搜索引擎,与新浪在很多方面都基本相同。但搜狐新一代的搜索引擎搜狗确实有许多新亮点,特别是它的"搜狗直通车",不仅方便了用户的搜索操作,还集多种搜索引擎于一身,其如图 6-25 所示的工具栏上预置的多个按钮正像它们的名字"直通车"一样,可以引领用户直达当前最热门最流行最及时的信息站点,更令用户欣喜的是,"搜狗直通车"还能够让用户的信息下载速度更快。

"搜狗直通车"的操作也简单易行,用户只需单击相应按钮即可使用其提供的相应功能。若用户想要了解更多有关"搜狗直通车"的功能,可进入图 6-24 所示的页面,里面有关于"搜狗直通车"各方面的详尽说明。

6.3 上传与下载操作

6.3.1 了解上传下载

1. 上传下载及相关概念

简单地说,下载就是将 Internet 网上的资源(如软件、声音、图片和文档资料等)保存到用户个人计算机硬盘的过程。而上传正好相反,是将用户个人计算机中的资源传送到 Internet 网上的过程。

上传和下载的基本单位都是文件，Internet 实现文件上传下载功能的基础是 FTP。FTP（File Transfer Protocol，文件传输协议）是 Internet 的重要协议之一，是在 Internet 网上提供文件传输服务、实现上传下载功能的重要保证。

在 Internet 上有这样一类计算机主机，它们集中存放了大量的各类文件，称为 FTP 文件服务器。用户通过 Internet 网络将自己的个人计算机（即客户机）连接到这些文件服务器，再借助于支持 FTP 的软件就可以进行文件的上传和下载操作了。事实上，不只是客户机和文件服务器之间，客户机和客户机之间，文件服务器和文件服务器之间也都可以在 FTP 的支持下进行文件传输操作。

当用户从浩瀚的 Internet 信息海洋中搜索到自己所需要的文件以后，下载到用户的本地计算机中是用户马上要做的操作，此时用户最关心的有两个问题：其一是下载过程中网络连接意外中断怎么办？其二是下载怎样才能更快速？这两个问题目前都有了较好的解决方法。

断点续传就是一项解决用户在文件下载过程中网络连接意外中断，重新连接以后在上次中断点继续下载的技术。在这项技术出现之前，当用户网络意外中断以后，没有完全下载完毕的文件重新连接以后只能再从头重新开始，当文件较大时，用户在各方面的损失都很大。目前常见的各种下载方法都自动支持断点续传技术，但要特别注意的是，再次连接后若想实现断点续传，必须与上一次下载时所使用的下载源及下载到本地机时的路径和文件名都相同，否则不能实现断点续传。

使网络传输速度更快一直是用户和网络技术人员共同的期望。改造网络结构、更新网络硬件当然是提高网络传输速度最根本的方法。但在网络硬件设备不变的情况下采用软件技术加快网络传输速度却是一种低成本、更易实现、更易让普通用户接受的方法，例如，采用多线程下载技术、BT 下载技术等就是目前常用的加快文件下载速度的有效方法。

所谓多线程下载，就是将一个下载文件分成几个部分同时下载，就好像同时打开几个水龙头一起向水池中放水一样，当然比只有一个水龙头向水池放水要快得多。

而 BT（Bit Torrent）下载是在多线程下载的基础上，使得下载文件的几个部分不只是将某一个文件服务器作为下载源，而是分别从若干个不同的下载源同时下载，这些下载源可能就是以前下载过此文件的其他客户机，称之为种子。BT 下载的特点是：下载某文件的客户机越多，下载速度就越快。

对于这些快速下载技术，普通用户无须做很大的投入，只要使用支持这些技术的软件进行下载操作，就能够充分享受它们提供的文件快速下载服务。后文将会介绍这些常用下载软件的使用方法。

2. 常用的上传下载方法

常用的上传下载方法主要有两大类，一类是直接在 IE 浏览器中使用网页提供的下载链接按钮，另一类就是使用专用的下载工具软件。

3. 上传下载的必备工具

为了加快文件上传下载的速度，一般在将文件上传之前首先要将一个或一批文件压缩,目的是减小文件的大小,加快文件传输速度。因此,用户下载到本地机上的文件也就是上传时压缩过的文件,这样的文件下载时更加快速经济。但下载下来的压缩文件却不能直接使用,必须经过解压缩还原成压缩前的状态以后才能使用。

压缩和解压缩都有专用工具软件来实现,如常见的 WinZip 和 WinRAR 等,这些软件都能从网上下载得到。本章也将会介绍这些压缩工具软件的使用方法。

6.3.2 使用 IE 浏览器下载安装常用的压缩工具软件

1. 目标与任务分析

本任务的目标有三个,一是学习直接在 IE 浏览器里打开的某网页中通过下载链接按钮下载文件;二是下载得到两个常用压缩工具软件 WinZip 和 WinRAR;三是学习这两个压缩工具软件的安装。

2. 操作思路

常用压缩工具软件 WinZip 和 WinRAR 在很多软件下载网站都可以下载得到,对软件下载网站不熟悉的用户,可以在前面介绍的某种搜索引擎中分别以 WinZip 和 WinRAR 为关键词进行搜索,找到其中任何一个软件下载网站下载即可。

下面以国内较为著名的软件下载网站"华军软件园"为例,介绍下载 WinZip 和 WinRAR 的方法。

3. 操作步骤

(1) 在 IE 地址栏中输入"华军软件园"的 URL:http://www.hjonlinedown.net/index.htm 后按 Enter 键,打开"华军软件园"网站主页。

(2) 在打开的"华军软件园"网站主页中按顺序依次单击链接"软件分类"→"系统程序"→"压缩工具",在打开的"压缩工具"网页上可能有多种可供用户下载的压缩工具软件,且一种软件可能还有多个版本,如果用户难以取舍,可参考网页上的下载排行榜,选择一种下载量较多的,也就是使用较普遍的同类软件下载。在本任务中,下载 WinZip 9.0 汉化版和 WinRAR 3.50 官方简体中文版。

(3) 单击"压缩工具"页面中"本类下载 TOP30"列表中的"WinRAR 3.50 官方简体中文版"链接,打开该软件的下载页面,再单击该页面"下载专区"中的某个下载链接点(在多个下载链接点中任选一个即可),弹出"文件下载"对话框,如图 6-26 所示。

(4) 单击"保存"按钮,弹出"另存为"对话框,如图 6-27 所示。

(5) 在图 6-27 所示的"保存在"列表框中选择下载文件的保存位置,然后单击"保存"按钮即开始了下载过程,用户只需耐心

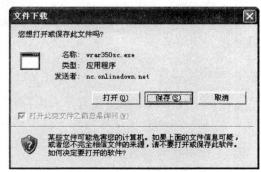

图 6-26 "文件下载"对话框

图 6-27 "另存为"对话框

等待下载完成,下载时间视软件大小和网络当时状况而定。

注意在图 6-27 所示的"文件名"文本框中已经写入了下载文件默认的文件名,用户可以进行修改,但绝对不能修改扩展名。用户应记住 WinRAR 安装程序的文件名(默认为 wara350sc.exe),以备以后安装该软件时使用。

重复步骤(3)至步骤(5),下载 WinZip 的最新版本"WinZip 9.0 汉化版"的安装程序文件,该下载文件名默认为 HA-winzip90(6028)-LDR.exe。

(6)下面以 WinZip 为例说明安装过程。其安装方法与 WinRAR 的安装方法类似。

- 在"我的电脑"或"Windows 资源管理器"中找到下载到本地机硬盘上的 WinZip 安装文件,如上述的 HA-winzip90(6028)-LDR.exe,双击该文件运行,弹出如图 6-28 所示的对话框。
- 单击图 6-28 中的"Setup"按钮,弹出选择安装目录对话框,如图 6-29 所示,建议采用默认安装目录。
- 单击图 6-29 中的"确定"按钮,弹出 WinZip 安装对话框,如图 6-30 所示。在以后逐步弹出的对话框中,按照提示单击"下一步"按钮即可。
- 最后弹出的对话框如图 6-31 所示,单击"完成"按钮即可完成 WinZip 的安装。安装成功后,桌面上会出现 WinZip 快捷方式图标。

图 6-28 WinZip 安装起始对话框

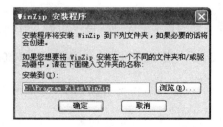

图 6-29 "WinZip 安装程序"对话框

图 6-30 "WinZip 安装"对话框

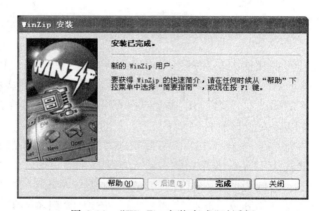

图 6-31 "WinZip 安装完成"对话框

4. 归纳分析

本任务的主要目标之一就是学会通过网页上的下载链接按钮进行下载操作。本任务中使用这种方法成功地下载了 WinZip 和 WinRAR 两个压缩工具软件的安装程序文件。特别要注意的是,不同网页上标志下载资源的链接按钮,从其在网页中的位置到其外观形式都有很大的不同,用户必须仔细观察和阅读网页才能找到。找到后一般只需单击然后再按屏幕提示继续操作即可。

若用户希望下载音乐、图片或其他资源,可以首先通过前面介绍的某种搜索引擎找到所需资源所在的网页,再单击网页中对应资源的下载链接按钮。

6.3.3 压缩工具软件 WinRAR 的使用

1. 目标与任务分析

WinRAR 是目前功能强、压缩比高、操作使用简单、用户数量最多的压缩解压缩工具软件,其特点包括:

- 默认文件压缩格式为自创的通用文件压缩格式 RAR，同时完全支持常用压缩工具软件 WinZip 的通用文件压缩格式 ZIP；
- 高度成熟的原创压缩算法，对于文本、声音、图像和 32 位和 64 位可执行程序文件都有很高的文件压缩比率；
- 具有窗口、向导和命令行等多种操作界面，特别是 WinRAR 在安装后将自身的压缩解压缩功能集成到了"我的电脑"和"Windows 资源管理器"的"文件"菜单及选定文件的快捷菜单中，大大方便了用户的压缩解压缩操作；
- 支持众多非 RAR 压缩格式文件（如 CAB、ARJ、LZH、TAR、GZ、ACE、UUE、BZ2、JAR、ISO 等）；
- 具有多卷压缩，创建自解压文件（也可分卷）的功能；
- 具有恢复物理受损的压缩文件，允许重建多卷压缩时丢失的卷功能；
- 其他服务性的功能，如文件加密、压缩文件注释、错误日志等。

本任务的目标是通过对压缩工具软件 WinRAR 使用方法的介绍，帮助读者了解这类压缩工具软件的使用方法。用户可以在学习完本任务以后举一反三，体会一下压缩工具软件 WinZip 压缩和解压缩操作。

2. 操作思路

本任务将通过几个实例介绍 WinRAR 对文件的压缩和解压缩操作，以及相关的其他操作，如加密压缩、分卷压缩、自解压缩等操作。

3. 操作步骤

实例 1：使用 WinRAR 集成在选定文件快捷菜单中的命令压缩文件。设在 D 盘下的 LX 文件夹中有 5 个子文件夹，要求将前 2 个子文件夹及其中的文件压缩为一个压缩文件（RAR 格式），将后 3 个子文件夹及其中的文件压缩为另一个压缩文件（ZIP 格式）。

（1）在"我的电脑"或"Windows 资源管理器"中打开 D:\LX 文件夹，选定前 2 个文件夹后右击，打开快捷菜单，如图 6-32 所示。

（2）在图 6-32 所示的快捷菜单中，由 WinRAR 集成进去的命令共有四项，它们的含义分别是：

- 添加到压缩文件：选择此命令，弹出名为"压缩文件名和参数"的对话框，用户可以在其中修改压缩文件名及一些参数。
- 添加到 LX. rar：选择此命令，直接将选定文件或文件夹压缩到名为 LX. rar 的压缩文件中，注意该压缩文件的默认主文件名 LX 就是选定文件或文件夹所在的上级文件夹的名称。此命令执行速度快，但无法对各参数进行设置。
- 压缩到 E-mail：选择此命令，弹出名为"压缩文件名和参数"的对话框，待用户设置完毕并成功创建压缩文件以后，自动启动 OutLook Express，将压缩文件作为附件，准备以电子邮件的形式发送出去。
- 压缩到 LX. rar 并 E-mail：选择此命令，可以将直接压缩成的压缩文件 LX. rar 以电子邮件附件的形式发送出去。

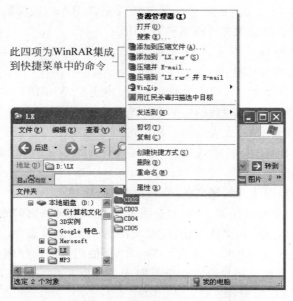

此四项为WinRAR集成
到快捷菜单中的命令

图 6-32　集成在快捷菜单中的 WinRAR 命令

　　此例中选择"添加到压缩文件"命令,弹出"压缩文件名和参数"对话框,如图 6-33
所示。

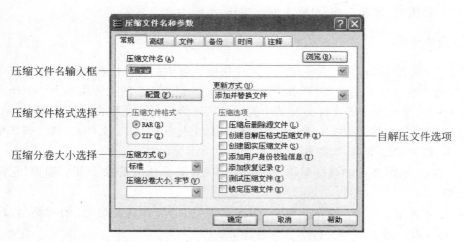

压缩文件名输入框

压缩文件格式选择

压缩分卷大小选择

自解压文件选项

图 6-33　"压缩文件和参数"对话框

　　(3) 为了练习,在图 6-33 的"压缩文件名"文本框中将压缩文件主名改为 LX1(注意
扩展名不能改变),单击"确定"按钮,弹出图 6-34 所示的压缩过程。压缩成功后的压缩文
件以指定文件名默认与被压缩文件或文件夹存储在同一文件夹下,如图 6-34 所示。注意
RAR 压缩文件的图标形状。

　　(4) 在"我的电脑"或"Windows 资源管理器"的 D:\LX 文件夹下,再选定后 3 个文件
夹并右击,打开快捷菜单,选定"添加到压缩文件"命令,在弹出的如图 6-33 所示的"压缩

图 6-34　压缩过程对话框及生成的压缩文件

文件名和参数"对话框中,修改压缩文件主名为 LX1,重新选择"压缩文件格式"为"ZIP",则压缩文件扩展名自动修改为. zip,单击"确定"按钮,生成的压缩文件 LX1. zip 存储在 D:\LX 文件夹下,如图 6-34 所示。注意 ZIP 压缩文件的图标形状。

实例 2:使用 WinRAR 窗口界面压缩文件。将 D 盘下 LX 文件夹中的前 2 个子文件夹及其中的文件压缩为一个压缩文件(RAR 格式),将后 3 个子文件夹及其中的文件压缩为另一个压缩文件(ZIP 格式)。

(1) 在 Windows"开始"菜单的"所有程序"项中找到 WinRAR 并单击启动,打开 WinRAR 主窗口界面,如图 6-35 所示。该界面的地址栏中可选择磁盘及文件夹路径,选定后,其下的子文件夹或文件会显示在下面的列表区中。

图 6-35　WinRAR 主窗口界面

(2) 选定如图 6-35 所示的前 2 个文件夹,单击工具栏上的"添加"按钮,弹出如图 6-33 所示的"压缩文件名和参数"对话框,在此对话框中修改压缩文件主名为 LX2,扩展名仍为默认的. rar,单击"确定"按钮,则可生成名为 LX2. rar 的压缩文件,如图 6-36 所示。

(3) 选定图 6-35 中的后 3 个文件夹,单击工具栏上的"添加"按钮,弹出如图 6-33 所示的"压缩文件名和参数"对话框,在此对话框中修改压缩文件主名为 LX2,重新设置"压缩文件格式"为"ZIP",则扩展名自动改变为. zip,单击"确定"按钮,则可生成名为 LX2. zip 的压缩文件,如图 6-36 所示。

实例 3:使用 WinRAR 窗口界面压缩文件。将 D:\LX 文件夹中的前 2 个子文件夹及其中的文件压缩为一个自解压缩文件(RAR 格式,名为 LXR. exe),将后 3 个子文件夹

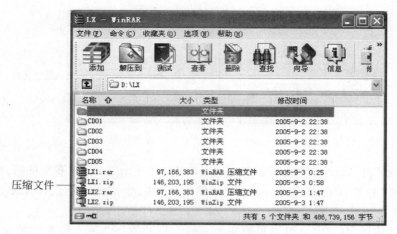

图 6-36　生成的压缩文件

及其中的文件压缩为另一个自解压缩文件（ZIP 格式，名为 LXZ.exe）。

注意，所谓自解压缩文件，也是由压缩工具软件创建的一种压缩文件，其特点是在将其解压缩还原时不再依赖于原压缩工具软件，直接双击该自解压缩文件即可解压缩还原为压缩前的状态。但自解压缩文件比非自解压缩文件稍大一些。

（1）选定如图 6-35 所示的前 2 个文件夹，单击工具栏上的"添加"按钮，弹出如图 6-33 所示的"压缩文件名和参数"对话框，在此对话框中修改压缩文件主名为 LXR，此时扩展名为默认的.rar，选中"压缩选项"栏中的"创建自解压格式压缩文件"复选框，则扩展名自动变为.exe。单击"确定"按钮，则可生成名为 LXR.exe 的自解压缩文件，如图 6-37 所示。注意自解压缩文件的图标形状。

（2）选定如图 6-35 所示的后 3 个文件夹，单击工具栏上的"添加"按钮，弹出如图 6-33 所示的"压缩文件名和参数"对话框，在此对话框中修改压缩文件主名为 LXZ，并重新设置"压缩文件格式"为"ZIP"，此时扩展名自动改变为.zip，选中"压缩选项"栏中的"创建自解压格式压缩文件"复选框，则扩展名又自动变为.exe。单击"确定"按钮，则可生成名为 LXZ.exe 的自解压缩文件，如图 6-37 所示。注意自解压缩文件的图标形状。

实例 4：使用窗口界面压缩文件。将 D:\LX 文件夹中的第 1 个子文件夹 CD01 及其中的文件压缩为分卷自解压缩文件（RAR 格式，分卷大小为一张软盘的容量即 1.44MB，压缩文件名保持默认）。

注意，所谓分卷压缩文件，是指当被压缩内容很多时，即使是经过压缩以后的压缩文件仍然较大，当单位存储容量很小时（如采用软盘存储），就必须将一个较大的压缩文件分成若干个较小的压缩文件以便分开存储，WinRAR 可以自动完成这一过程，称为分卷压缩。

（1）选定如图 6-35 所示的文件夹 CD01，单击工具栏上的"添加"按钮，弹出如图 6-33 所示的"压缩文件名和参数"对话框。在此对话框中选定"压缩选项"栏中的"创建自解压格式压缩文件"复选框，然后在"压缩分卷大小"下拉列表中选择"1,457,664-3.5"项，如图 6-38 所示。

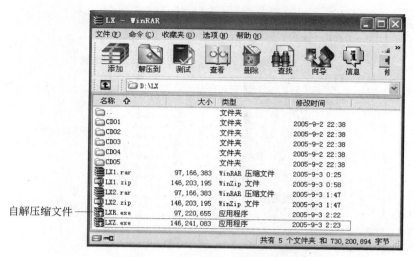

图 6-37　生成的自解压缩文件

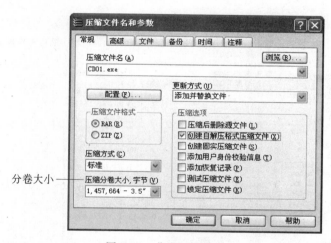

图 6-38　分卷压缩设置

（2）单击图 6-38 中的"确定"按钮，则可生成若干个名为 CD01.part??（?? 为数字）的分卷压缩文件，每个压缩文件的大小均为指定的 1,457,664B(1.44MB)，如图 6-39 所示。注意，其中 01 号压缩文件的图标形状为自解压缩文件，将来解压缩时只要双击运行该文件，即可由屏幕提示解开所有分卷压缩文件。

用户可以将每个分卷压缩文件按编号分别复制到对应编号的软盘中，以便利用软盘将分卷压缩文件携带到其他计算机上再解压缩。当然，此种文件传递方法目前已经不常使用了。

实例 5：使用 WinRAR 集成在选定文件快捷菜单中的命令解压缩。例如要求将 D:\LX 文件夹中的压缩文件 LX1.rar(RAR 格式)解压缩。

（1）选定 D:\LX 文件夹中的压缩文件 LX1.rar，右击，打开快捷菜单，如图 6-40 所示。

图 6-39 生成的分卷压缩文件

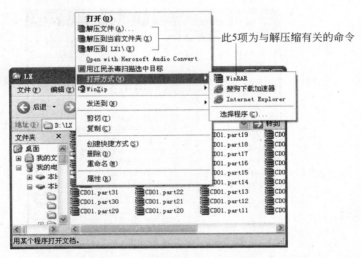

图 6-40 集成在快捷菜单中的 WinRAR 解压缩命令

(2) 在图 6-40 所示的快捷菜单中,含有与 WinRAR 解压缩有关的命令共有五项,它们的含义分别是:

- 打开:选择此命令,打开 WinRAR 主窗口界面,如图 6-35 所示,在此窗口中可以通过菜单命令或工具栏上的命令按钮进行解压缩操作。
- 解压文件:选择此命令,打开"解压路径和选项"对话框,用户可以在此对话框中对解压缩有关的各项参数进行设置,然后再对压缩文件做解压缩操作。
- 解压到当前文件夹:选择此命令,则直接将压缩文件中的文件夹或文件在当前文件夹中解压缩。此命令的解压速度最快,但却存在解开压缩后的文件夹或文件与当前文件夹中的原有内容混在一起不易区分的缺点。
- 解压到\LX1:选择此命令,则直接将压缩文件中的文件夹或文件在当前文件夹中解压缩,但与"解压到当前文件夹"命令的区别是,将解开压缩后的文件夹或文件组织到了当前文件夹下与原压缩文件名相同的文件夹中,避免了"解压到当前文件夹"命令的缺点。

- WinRAR:与上述第一个"打开"命令效果相同。

(3)此例中选择"解压文件"命令,弹出"解压路径和选项"对话框,如图 6-41 所示。可以在此对话框的"目标路径"文本框中输入用户希望解压缩以后的文件夹或文件存放的位置,如果是新文件夹,此命令还可以自动创建。用户也可以在"目标路径选择框"中选择一个已存在的位置存放解压缩以后的文件夹或文件。

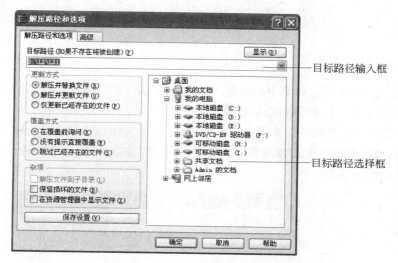

图 6-41 "解压路径和选项"对话框

(4)在图 6-41 所示的对话框中,单击"确定"按钮,则开始对所选压缩文件进行解压缩,解压缩以后的文件夹或文件保存在步骤(3)所指定的位置。

用户可以尝试使用"解压到当前文件夹"或"解压到\LX1"命令解压其他压缩文件,操作方法较为简单,这里不再详述。

实例 6:使用 WinRAR 窗口界面解压缩文件。试将 D:\LX 文件夹中的压缩文件 LX1.zip(ZIP 格式)解压缩。

(1)选定 D:\LX 文件夹中的压缩文件 LX1.zip 并右击,弹出快捷菜单,如图 6-40 所示。

(2)在快捷菜单中依次执行"打开方式"→"WinRAR"命令,弹出 WinRAR 主窗口界面,如图 6-42 所示。

(3)可以选择解压缩内容,这也是在 WinRAR 主窗口界面中进行解压缩的特有功能。若按图 6-42 所示的选择,仍将解压缩整个压缩文件中的所有内容。但用户也可以单击选择 CD03、CD04 或 CD05 中的某一个或某两个作为解压缩对象,甚至可以双击打开上述文件夹中的某一个,再选择其中的某些内容作为解压缩对象。

(4)选定解压缩内容以后,单击图 6-42 工具栏上的"解压到"按钮,弹出"解压路径和选项"对话框,如图 6-41 所示,以下操作与实例 5 的步骤(3)、步骤(4)相同,这里不再

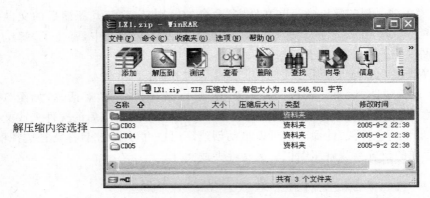

图 6-42　WinRAR 主窗口界面

详述。

实例 7：将 D:\LX 文件夹中的自解压缩文件 LXR.exe(RAR 格式)或 LXZ.exe(ZIP 格式)或 CD01.part01(分卷格式)解压缩。

（1）自解压缩文件的解压缩操作非常简单，首先在"我的电脑"或"Windows 资源管理器"中找到要解压缩的自解压缩文件，如图 6-43 所示。注意自解压缩文件的图标与非自解压缩文件图标的区别。

图 6-43　找到的自解压缩文件

（2）双击某自解压缩文件，如双击 CD01.part01，打开"WinRAR 自解压文件"对话框，如图 6-44 所示。

（3）在图 6-44 所示对话框中，可以使用"浏览"按钮选择或直接在"目标文件夹"输入框中输入，确定解压缩以后的文件夹或文件的保存位置，当然也可以保持默认位置，再单击"安装"按钮即可自动完成解压缩过程。

实例 8：WinRAR 主窗口界面下的几个其他操作。例如加密压缩、删除压缩文件中部分内容、查看压缩信息以及非自解压缩文件转化为自解压缩文件等。

（1）下面来看一下加密压缩文件的操作方法。在"Windows 资源管理器"或"我的电脑"中选定准备加密压缩的对象后右击，弹出快捷菜单，选择其中的"添加到压缩文件"命

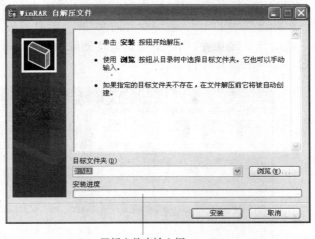

目标文件夹输入框

图 6-44 "WinRAR 自解压文件"对话框

令,打开"压缩文件名和参数"对话框,单击"高级"选项卡,如图 6-45 所示。

再单击其中的"设置密码"按钮,打开"带密码压缩"对话框,如图 6-46 所示,在其中两次输入压缩密码,再单击"确定"按钮即可。此种带密码的压缩文件在解压缩时,用户必须正确回答出压缩密码,否则将无法解压压缩文件。

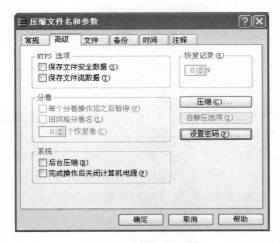

图 6-45 "高级"选项卡

图 6-46 密码输入对话框

注意,若用户在图 6-46 中选定了"加密文件名"复选框,则 WinRAR 将提供更高级的加密功能,即对压缩文件中所有文件夹名和文件名加密,当用户不能正确回答压缩密码时,甚至将不能在 WinRAR 主窗口界面的列表中看到压缩文件中包含了哪些压缩了的文件夹和文件,当然就更无法解开它们了。

(2) WinRAR 允许不用解开压缩文件,而是选择其中的一部分文件夹或文件删除,操作方法如下:在"我的电脑"或"Windows 资源管理器"中找到压缩文件并右击,在弹出的快捷菜单中选择"打开"命令,打开 WinRAR 主窗口界面,如图 6-47 所示。注意,"列表区"中列出了压缩文件(如此例中的 LX2. rar)所含的文件夹,若双击某文件夹还可以列出该文件夹中所含的下级文件夹或文件,用户只需选定待删除的对象(如此例中的 CD02 文件夹),再单击工具栏中的"删除"按钮即可。

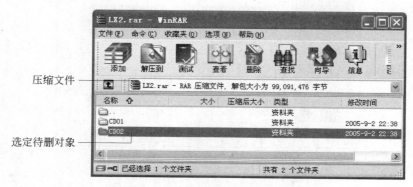

图 6-47　选定压缩文件中的待删除对象

（3）若用户只想了解某压缩文件的压缩率、版本等情况,则只需在 WinRAR 主窗口界面中打开该压缩文件,再单击图 6-47 工具栏上的"信息"按钮即可。

另外,用户也可以通过单击图 6-47 工具栏上的"测试"按钮,测试压缩文件中是否有错误,以避免将来解压缩文件时遇到无法解压的问题。

（4）WinRAR 允许将一个已有的非自解压缩文件转换为自解压缩文件。用户只需在 WinRAR 主窗口界面中选定待转换的非自解压缩文件,再单击工具栏上的"自解压"按钮即可。

4. 归纳分析

本任务中通过多个实例说明了常用压缩工具软件 WinRAR 的主要功能和操作方法。读者可以通过完成本任务,举一反三地学习另一个常用压缩工具软件 WinZip 的使用方法。目前,使用上述两种压缩工具软件的用户都比较多,具体使用哪一种,一般取决于用户的喜好和习惯,但两种压缩工具软件生成的 RAR 格式和 ZIP 格式压缩文件还是稍有不同的,主要表现为 RAR 格式的压缩文件压缩比率较高但压缩和解压缩的速度较慢,而 ZIP 格式的压缩文件正好相反。

6.3.4　快速下载工具软件 FlashGet 的安装和使用

1. 目标与任务分析

FlashGet 又名网际快车,是目前下载速度快、操作使用简单、用户较多的一种下载工具软件,其主要特点包括:

- 可为一个文件创建多个连接。每个连接下载文件的一个部分,最多可把一个文件分成 10 个部分同时下载,而且最多可以设定 8 个下载任务,再通过多线程、断点续传、镜像等技术最大限度地提高下载速度。

- 支持镜像功能,即多地址下载。对用户要下载的文件,网站一般都会提供可供下载的多个站点地址,FlashGet可同时连接这多个站点,并选择较快的站点下载该文件的每一部分。
- 具有强大的下载文件管理功能。可创建不同的类别,以便把下载的软件分门别类地保存起来,并可以检查文件是否需要更新或重新下载。
- 与IE等浏览器紧密集成。可自动捕获用户在浏览器中的下载操作动作,还提供了在浏览器中的工具栏和集成在快捷菜单中的命令,以方便用户下载和管理文件的操作。
- 提供下载任务排序、计划下载、定时下载以及下载速度限制等功能。

本任务的目标有两个,一是掌握FlashGet的安装设置,二是学会使用FlashGet快速下载文件。

2. 操作思路

FlashGet的安装文件可以在很多软件下载网站下载。用户可以参考前文介绍下载"WinZip"和"WinRAR"的方法,下载FlashGet。

本任务以目前FlashGet的较新版本FlashGet 1.71为例,介绍它的安装、设置及主要使用方法。在此假设已经下载得到FlashGet中文版的安装文件fg171.exe。

3. 操作步骤

(1)首先看一下FlashGet的安装。在"我的电脑"或"Windows资源管理器"中找到已下载的FlashGet中文版安装文件,如fg171.exe,双击后启动安装程序,出现欢迎安装界面,如图6-48所示,即开始进行FlashGet的安装。

Next按钮

图6-48　FlashGet的起始安装对话框

单击"Next"按钮,紧接着出现了一系列的诸如软件版权许可信息、安装目录选择、安装程序组名选择以及一些安装建议选择等对话框,建议用户安装时均按默认设置完成以上各步骤中对话框的选择,也就是每步中均单击诸如"Next"、"I Agree"等按钮即可。当然用户若在仔细阅读界面上的提示信息以后,按照自己的喜好或习惯修改某些默认安装设置也是允许的。

最后出现安装完成对话框,如图 6-49 所示,单击其中的"Finish"按钮,则成功完成了 FlashGet 的安装。

图 6-49　FlashGet 的安装完成对话框

(2) 下面看一下 FlashGet 的启动和界面组成。启动 FlashGet 主要有两种方式,一种是由用户主动发出启动命令,另一种是捕获到用户有下载操作动作时自动启动。

由用户主动发出启动命令启动 FlashGet 主要是在用户需要对 FlashGet 进行设置、安排下载计划或者进行下载文件管理时使用的。具体启动方法是双击桌面上的 FlashGet 快捷方式图标,或依次执行任务栏上的"开始"→"所有程序"→"FlashGet"菜单命令,启动后,FlashGet 的主窗口界面如图 6-50 所示。

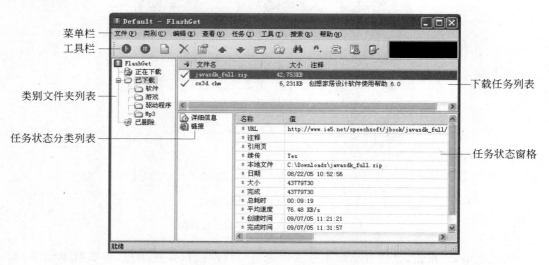

图 6-50　FlashGet 主窗口界面

另外,FlashGet 启动后还在桌面任务栏右边的托盘中显示"FlashGet 按钮"以及作为

FlashGet 重要特色之一的"悬浮窗"，如图 6-51 所示。

悬浮窗   FlashGet按钮

图 6-50 和图 6-51 所示界面中的主要组成部分

图 6-51　悬浮窗和 FlashGet 按钮

含义如下：

- 菜单栏：FlashGet 所有功能命令的分类菜单。
- 工具栏：列出了 FlashGet 常用功能命令的工具按钮。通过"查看"菜单的"工具栏"命令，用户可以重新设置工具栏上按钮的数量和位置。
- 类别文件夹列表：分层列出了 FlashGet 对下载文件管理所用的类别文件夹，通过"类别"菜单可以添加或删除这些类别文件夹，FlashGet 默认有三个类别：
  - 正在下载：用于保存正在下载或未下载完成的下载任务信息。
  - 已下载：用于保存已下载完成的下载任务信息。
  - 已删除：用于保存执行了删除命令后的下载任务，在该类别下再执行删除命令才能从磁盘上完全删除，其作用类似于 Windows 的"回收站"。
- 下载任务列表：在"类别文件夹列表"中选择了某个类别后，在这里进一步显示该类别下所有任务的情况。
- 任务状态分类列表：列出了在"下载任务列表"中选定的某个任务详细情况的分类目录。
- 任务状态窗格：对于用户在"下载任务列表"中选定的某个任务，显示其详细的信息（属于"已下载"和"已删除"类别）或任务下载执行过程（属于"正在下载"类别）。
- 悬浮窗：FlashGet 的重要特色。双击它可以打开 FlashGet 主窗口，右击它可以弹出包含了 FlashGet 主要功能命令的快捷菜单，下载文件过程中，可显示下载信息，特别是可以通过将待下载对象拖动到其上的方法为 FlashGet 添加下载任务。
- FlashGet 按钮：位于桌面的任务栏托盘中，是 FlashGet 主窗口"最小化"以后的效果，单击后在桌面恢复为 FlashGet 主窗口，右击则弹出包含 FlashGet 主要功能命令的快捷菜单。

FlashGet 的另一种启动方法就是当 FlashGet 捕获到用户在浏览器中的操作有下载文件动作时，就会自动启动 FlashGet 并将待下载文件添加到新下载任务列表中。

（3）FlashGet 的设置一般采用 FlashGet 的默认设置即可。对于以下几项，用户可以根据需要重新设置。

- 类别文件夹的设置：FlashGet 默认的所有类别文件夹均为 C:\DownLaods，用户可以将其修改为其他磁盘下的某个文件夹，如修改为"D:\下载文件"，操作方法是：在如图 6-50 所示的 FlashGet 主窗口界面的"类别文件夹列表"中，右击待修改的类别名，如在最高层类别名 FlashGet 上右击，在弹出的快捷菜单中选择"属性"命令，打开"属性"对话框，如图 6-52 所示。在其中的"默认的目录"文本框中输入新位置，或直接单击后面的"．．"按钮选择新位置，再单击"确定"按钮即可。

要特别注意的是，必须对"类别文件夹列表"中的每一个类别分别进行修改，并不是只修改了最高层的类别 FlashGet，其下层就会随之改变，而是每个下层类别（如"正在下载"类别等）都要分别重新修改。

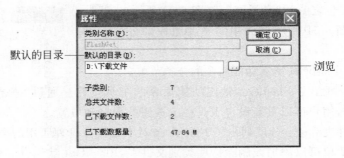

默认的目录 ——

浏览

图 6-52 "属性"对话框

- 下载属性设置：依次执行如图 6-50 所示的 FlashGet 主窗口界面菜单栏中的"工具"→"默认下载属性"命令，打开"默认下载属性"对话框，如图 6-53 所示。

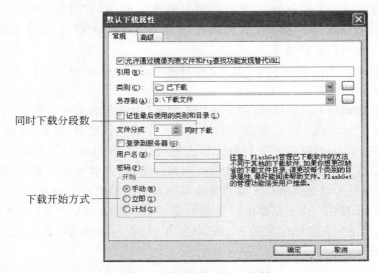

同时下载分段数 ——

下载开始方式 ——

图 6-53 "默认下载属性"对话框

"同时下载分段数"可以设置同一个文件在下载时分成几个部分同时下载，默认为 2，最大为 10，用户可根据自己的网络和计算机配置情况进行设置，一般设置为 3～5。

"下载开始方式"可以设置添加了新下载任务以后，真正开始执行下载的方式，共有三项选择：默认为"手动"，是指在添加了新下载任务以后用户还要再单击工具栏上的"开始"按钮才开始真正的下载；"立即"是指添加了新下载任务以后用户不用再发出任何其他的命令就立即开始下载；"计划"是指当时不执行真正的下载操作，而要等到用户在"下载计划"中安排的时间段时再开始下载，目的是避开网络的下载高峰时段。

- 悬浮窗显示/隐藏设置：只要使得如图 6-50 所示的 FlashGet 主窗口界面"查看"菜单中的"悬浮窗"命令被选中，即可在桌面上出现"悬浮窗"，否则就不会显示"悬浮窗"。
- FlashGet 的"监视"设置：此项设置非常重要，关系到用户在浏览器中的下载动作是否能够被 FlashGet 捕获的问题，一般来说，FlashGet 的默认设置已经能够满足用户的基本需要。

依次选择如图 6-50 所示的 FlashGet 主窗口界面菜单栏中的"工具"→"选项"命令，再单击其中的"监视"选项卡，如图 6-54 所示。在其中可设置的监视对象包括"剪贴板"、"浏览器"和"文件类型"。

监视剪贴板的目的是允许用户通过将下载文件地址复制到剪贴板，使 FlashGet 自动将其添加为新下载任务；监视浏览器的目的是捕获用户在浏览器中操作动作所对应的文件，是否涉及符合图 6-54"监视的文件类型"文本框中列出的文件类型，若符合则将其添加为新下载任务；而"监视的文件类型"就是指可以添加到新下载任务中下载的文件类型，当然，用户可以在该文本框中对这些文件类型进行增删等修改操作。

这里特别要注意图 6-54 中"缺省下载程序"按钮的作用，单击此按钮可以将 FlashGet 设置为浏览器执行下载操作时默认的下载工具。但有时因为在 FlashGet 之前已经有其他的下载工具软件被设置成为浏览器默认的下载工具，所以当用户再使用此按钮为 FlashGet 设置时会失效，此时只能先在 Windows 中卸载其他下载工具软件再单击此按钮。

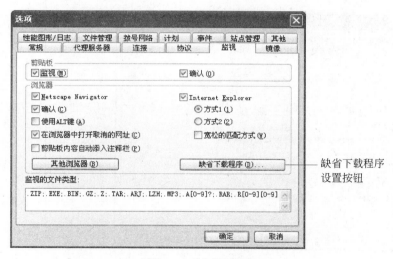

缺省下载程序设置按钮

图 6-54 "监视"标签

- 下载计划的设置：前面提到过，可以通过在 FlashGet 中制定下载计划来避开下载高峰时段，具体方法是：依次执行如图 6-50 所示的 FlashGet 主窗口界面菜单栏中的"工具"→"选项"命令，再选择其中的"计划"选项卡，如图 6-55 所示。其中的设置较为简单，这里不再详述。
- 同时下载文件数的设置：FlashGet 支持同时进行多个下载任务的操作，最多为 8 个，默认为 3 个，用户可以修改此默认值，具体方法是：依次执行如图 6-50 所示的 FlashGet 主窗口界面菜单栏中的"工具"→"选项"命令，再选择其中的"连接"选项卡，如图 6-56 所示。在"最多同时进行的任务数"组合框中设置适当数值即可，一般设置为 3～5 个。

（4）下面再看一下 FlashGet 常用的下载操作。FlashGet 安装以后，使用它进行快速

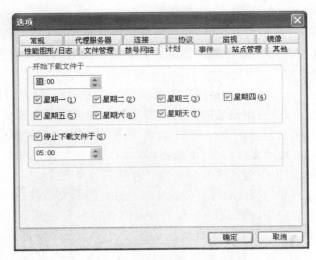

图 6-55　"计划"选项卡

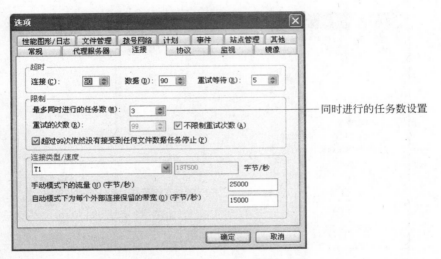

同时进行的任务数设置

图 6-56　"连接"选项卡

文件下载的方法主要有以下几种：

- 若已将 FlashGet 设置为"缺省下载程序"，FlashGet 就会自动捕获用户在浏览器中对下载链接的单击操作，并弹出如图 6-57 所示的"添加新的下载任务"对话框，单击"确定"按钮后则可以将下载目标的 URL 作为新下载任务添加到图 6-50 的"下载任务列表"中。
- 若 FlashGet 没有被设置为"缺省下载程序"，用户可以在浏览器中右击下载链接，在弹出的快捷菜单中必含有 FlashGet 集成的下载命令，如图 6-58 所示。

　　选择其中的"使用网际快车下载"命令，弹出如图 6-57 所示的"添加新的下载任务"对话框，单击"确定"按钮后则可以将当前下载目标的 URL 作为新下载任务添加到图 6-50 的"下载任务列表"中。

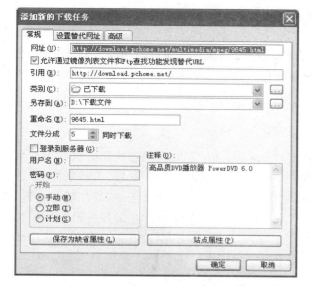

图 6-57　"添加新的下载任务"对话框

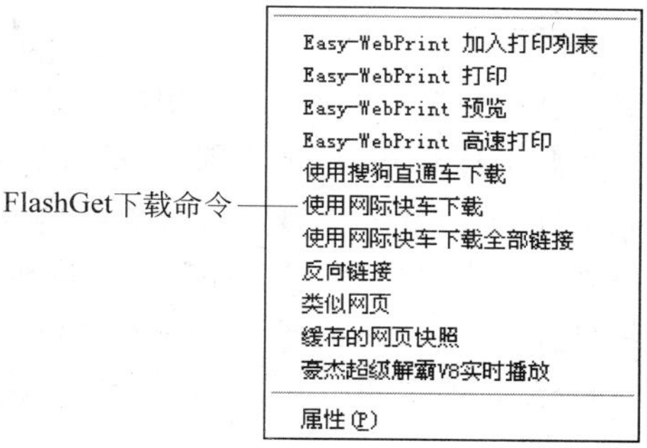

图 6-58　集成在快捷菜单中的 FlashGet 命令

　　而若单击其中的"使用网际快车下载全部链接"命令,则弹出如图 6-59 所示的对话框,其中列出了当前页面中所有可下载目标的 URL,用户可以在其中进行选择,单击"确定"按钮后,选中目标的 URL 将作为新下载任务添加到图 6-50 的"下载任务列表"中。此命令的目的是实现批量下载。

图 6-59　"选择要下载的 URL"对话框

- 将下载链接直接拖动到 FlashGet 的悬浮窗上,弹出如图 6-57 所示的"添加新的下载任务"对话框,单击"确定"按钮后即可将其作为新下载任务添加到图 6-50 的"下载任务列表"中。
- 当下载地址不是超级链接而是纯文本时,可以将该纯文本形式的 URL 复制到"剪贴板",然后再依次执行如图 6-50 所示的 FlashGet 主窗口界面菜单栏中的"任务" →"新建下载任务"命令,弹出如图 6-57 所示的"添加新的下载任务"对话框,单击"确定"按钮后即可将其作为新下载任务添加到图 6-50 的"下载任务列表"中。

（5）将下载任务添加到图 6-50 的"下载任务列表"中以后，就可以执行下载操作了，具体方法根据图 6-53 中"下载开始方式"的设置，可分为三种，即"手动"、"立即"和"计划"。

其中，只有"手动"方式需要由用户发出开始下载的命令，即单击图 6-50 工具栏中的"▶"按钮；"立即"方式是无须用户再做任何操作即自动开始下载的；"计划"方式则是按照用户在图 6-55 中的计划时间开始下载。

4. 归纳分析

在本任务中，介绍了常用的下载工具软件 FlashGet 的主要功能和操作方法。用户可以按照上述步骤（1）至步骤（3）的方法，首先对 FlashGet 进行安装和设置，应特别注意"下载文件夹"、"同一下载文件分成几部分下载"以及"同时执行的下载任务"等几项的设置，应以用户自己的喜好和用户的计算机及网络实际情况为依据综合考虑各项设置值。当然，还可以在以后的操作中不断改进设置，力求达到更快速地下载文件的目的。上述步骤（4）介绍的几种 FlashGet 下载操作，用户可通过实际操作迅速掌握。

6.3.5 快速下载工具软件迅雷的安装和使用

1. 目标与任务分析

迅雷是由深圳市迅雷网络公司开发的一款应用服务软件，它是目前应用最为广泛的快速下载工具。迅雷使用先进的超线程技术，能够对存在于第三方服务器和计算机上的数据文件进行有效整合，构成独特的迅雷网络，通过这种先进的超线程技术，用户能够以更快的速度从第三方服务器和计算机中获取所需的数据文件。这种超线程技术还具有互联网下载负载均衡功能，在不降低用户体验的前提下，迅雷网络可以对服务器资源进行均衡，有效降低了服务器负载。迅雷具有大幅提高下载速度、降低死链比例、支持多节点断点续传、支持不同的下载速率、支持各节点自动路由、支持多点同时传送的特点，此外，它还支持智能节点分析，即可以智能地分析出哪个节点上传输速度最快，从而提高用户的下载速度，是下载电影、视频、软件、音乐等文件必备的软件之一。

本小节的目标有两个，一个是掌握迅雷的安装设置，二是学会使用迅雷快速下载文件以及为迅雷添加计划任务。

2. 操作思路

迅雷的安装文件可以在很多软件下载网站下载。用户可以通过前面介绍的下载方法，找到某一个软件下载网站下载迅雷安装文件。

下面以目前迅雷的较新版本迅雷 7 为例，说明其安装、设置及主要使用方法。假设已下载得到迅雷的安装压缩文件 Thunder7.zip，解压缩后得到安装程序文件 Thunder7.exe。

3. 操作步骤

（1）迅雷的安装

在"我的电脑"或"Windows 资源管理器"中找到已下载的迅雷安装文件 Thunder

7.exe，双击后启动安装程序，即开始了迅雷的安装，出现如图 6-60 所示的欢迎安装界面，单击"接受"按钮进入下一步操作。

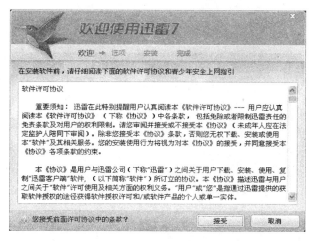

图 6-60　迅雷安装的起始界面

其后的安装过程与 FlashGet 的安装过程基本相同，这里不再详述。待出现图 6-61 所示的界面后，可根据自己的需要，选取界面中不同的复选框，单击"完成"按钮。

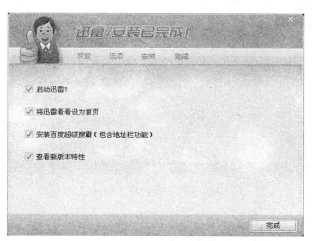

图 6-61　迅雷安装结束的界面

此时弹出如图 6-62 所示的"我的下载"设置对话框，设置下载文件存储目录，单击"下一步"按钮，依次设置热门皮肤、精品应用及特色功能选项后，即完成了迅雷的安装。

（2）迅雷的界面组成和设置

运行迅雷后，其工作界面如图 6-63 所示。程序窗口被分成了左中右三个部分，左侧是任务管理窗口，该窗口中包含一个目录树，分为"全部任务"、"正在下载"、"已下载"和"垃圾箱"三个分类，单击某一个分类就会在窗口的中间部分看到这个分类里的任务，每个分类的作用如下。

图 6-62　"我的下载"设置对话框

图 6-63　迅雷程序窗口

- 正在下载：没有下载完成或者错误的任务都在这个分类中，当开始下载一个文件的时候，需要单击"正在下载"查看该文件的下载状态。
- 已下载：下载完成后，任务会自动移动到此分类。
- 垃圾箱：用户删除的任务都存放在迅雷的垃圾箱中，当出现误删除时，可以将垃圾箱中已删除的任务还原，在"垃圾箱"中删除任务时，会提示是否把存放于硬盘上的文件一起删除。
- 全部任务：将正在下载和已下载的所有任务全部显示在窗口的中间部分。

单击迅雷程序窗口的"配置"按钮，弹出"配置面板"对话框，如图 6-64 所示，用户可以根据自己的需要对迅雷进行设置。例如，可以根据网络带宽的实际情况，在"网络设置"里面自行设定迅雷的下载与上载速度；也可以选择"上网优先模式"或"下载优先模式"。

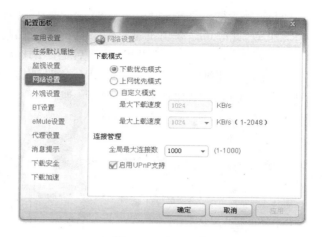

图 6-64　配置面板

（3）迅雷常用的下载操作

使用迅雷进行快速文件下载的方法主要有以下 3 种：右击下载、直接下载和批量下载。

① 使用迅雷下载文件最常用的方法就是在浏览器中右击下载链接，在弹出的快捷菜单中选择"使用迅雷下载"命令，这时迅雷会弹出"新建任务"对话框，如图 6-65 所示，对话框中的文件下载位置为默认下载目录，用户可单击对话框中的"浏览目录"按钮，自行更改文件下载位置，然后单击"立即下载"按钮。

图 6-65　新建任务对话框

② 如果用户知道一个文件的绝对下载地址，也可以采用直接下载的方法。例如，一个文件的下载地址是 http：//down. net/thunder7/thunder7.2.2.318. exe，那么可以先复制此下载地址，复制之后迅雷 7 会自动感应，弹出"新建任务"对话框，如图 6-66 所示。单击"继续"按钮，则迅雷返回到图 6-65 所示的对话框中进行文件下载。单击迅雷 7 窗口中的"新建"按钮，也会弹出图 6-66 所示的对话框，将刚才复制的下载地址粘贴到新建任务栏上，进行同样的下载操作。

图 6-66　"新建任务"对话框

③ 如果文本文档里面记录了很多下载地址，将它们一个一个地添加到迅雷里面下载，这样的做法太烦琐，太低效，此时可以采用批量下载文件的方法提高效率。如图6-67所示，文档中记录了5个下载地址，首先启动迅雷程序，然后拖动鼠标将所有下载地址选中，依次按下复制和粘贴命令的快捷键Ctrl＋C和Ctrl＋V，这时迅雷已经自动把文档里面的所有文件下载地址批量添加到了"新建任务"列表里面，如图6-68所示。单击"继续"按钮，弹出"选择要下载的URL"对话框，如图6-69所示，单击"确定"按钮，弹出如图6-65所示的对话框并开始进行文件下载。

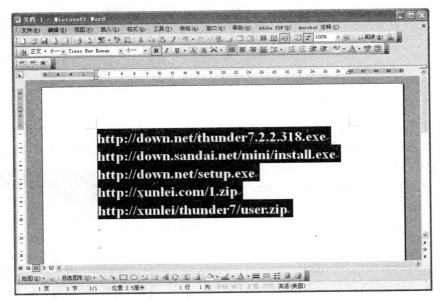

图 6-67   在文档中选中所有下载地址

图 6-68   自动添加批量下载地址

④ 有时在网上会发现很多有规律的下载地址，如遇到成批的mp3、图片、动画等，例如某个有很多集的动画片，如果按照常规方法下载，需要一集一集地添加下载地址，非常麻烦，此时可以利用迅雷的批量下载功能方便地创建多个包含共同特征的下载任务。

例如，某网站提供了10个这样的文件下载地址：

http://www.lx.com/01.mp3

图 6-69 "选择要下载的 URL"对话框

http://www.lx.com/02.mp3

...

http://www.lx.com/10.mp3

在迅雷窗口中单击工具栏上的"新建"按钮,弹出如图 6-66 所示的"新建任务"对话框,单击对话框下部的"按规则添加批量任务"链接,弹出"批量任务"对话框,如图 6-70 所示。在"批量任务"文本框中填写相关信息,在上面提到的 10 个地址中,只有数字部分不同,如果用通配符(*)表示不同的部分,则这些地址可以写成 http://www.lx.com/(*).mp3,这个地址就是需要填入"批量任务"框中的 URL(*在文件名中代表任意字符的意思。例如,a.*代表文件名是 a、扩展名任意的所有文件。因为 *可以代替任意字符,所以称之为通配符);由于共有 10 个下载文件,因此"批量任务"框中的数字取"从 1 到10",通配符长度取 2。单击"确定"按钮,弹出如图 6-69 所示的"选择要下载的 URL"对话框,在该对话框中即可进行包含共同特征的批量文件的下载。

（4）为迅雷添加计划任务

为了适应网络的不同状况,满足下载文件时的各种需求,用户可以为迅雷添加计划任务,所谓计划任务,是指迅雷按照用户指定的时间进行开始执行任务、暂停任务以及任务完成后自动关机等操作。

单击迅雷 7 程序窗口左下角的"计划任务"按钮,如图 6-71 所示,在弹出的菜单中选取"添加计划任务"选项,弹出如图 6-72 所示的"计划任务"对话框,用户可以根据自己的需要在该对话框中设置相应的选项。例如,白天网络速度较慢,为不影响其他的工作,可以设置在深夜开始下载。

4. 归纳分析

在本任务中介绍了常用的下载工具软件迅雷的主要功能和操作方法。迅雷是目前应

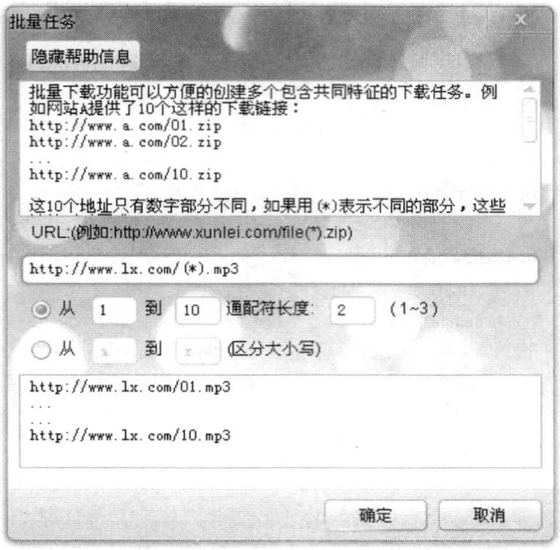

图 6-70　"批量任务"对话框

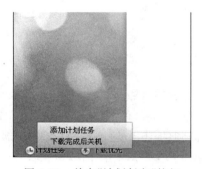

图 6-71　单击"计划任务"按钮

图 6-72　"计划任务"对话框

用最为广泛的快速下载工具之一。迅雷与上一个任务中介绍的 FlashGet 在安装、设置和操作等方面都基本相同,用户应根据自己的使用习惯和计算机及网络的实际情况,选择其中一种安装在用户自己的计算机上,作为日常使用的下载工具软件。

6.3.6　用 FTP 协议传输文件

1. 目标与任务分析

FTP 是文件传输协议(File Transfer Protocol)的缩写,它是在 Internet 上传输文件的标准协议。在 Internet 上,那些用来存储文件的计算机因使用 FTP 协议而被称为"FTP 服务器"、"FTP 主机"或"FTP 站点",这些服务器提供了大量的文件以供用户下载。本任务主要介绍如何将 FTP 服务器中存储的文件下载(Download)到用户自己的计算机上,以及如何将用户自己计算机中的文件上传(Upload)到 FTP 服务器上。

2. 操作思路

在 Internet 上有着大量的 FTP 服务器,可分为专用的和公用的两大类。对于专用的

FTP 服务器，必须是拥有正式注册账号和密码的用户才能登录并上传和下载文件；公用的 FTP 服务器也称"匿名服务器"，它允许没有正式注册账号和密码的用户访问或下载服务器上的部分文件，但一般不能上传文件。使用匿名 FTP 服务器的用户通常以 anonymous 作为用户名登录，密码可以是任意字符，有的以 guest 或用户自己的电子邮件地址作为密码。本任务中将登录匿名 FTP 服务器，介绍下载和上传的操作方法。

关于下载文件，前面已经介绍了多种操作方法。在本任务中将要介绍的 CuteFTP，是目前较为常用的一种文件传输客户端软件，它既支持文件下载，也支持文件上传，事实上 CuteFTP 更多的是用于上传文件。

CuteFTP 的安装文件可以在很多软件下载网站下载。用户可以通过前面介绍的任意一种下载方法，从某一个软件下载网站下载 CuteFTP 安装文件。

下面以目前 CuteFTP 的较新版本 CuteFTP 5.0.2 XP 为例，说明其安装、设置以及主要使用方法。假设已经下载得到 CuteFTP 的安装程序文件 cutuftpZH.exe。

3. 操作步骤

(1) 首先看一下 CuteFTP 的安装。在"我的电脑"或"Windows 资源管理器"中找到已下载的 CuteFTP 安装程序文件，如 cutuftpZH.exe，双击后启动安装程序，出现欢迎安装界面，如图 6-73 所示，即开始了 CuteFTP 的安装。

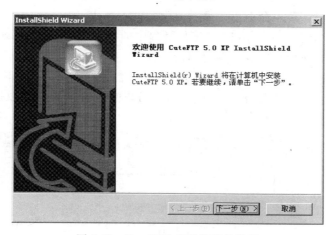

图 6-73　CuteFTP 安装的起始界面

其后的安装过程与前面安装其他软件的过程基本相同，这里不再详述。待出现图 6-74 所示的界面时，单击"完成"按钮即可完成 CuteFTP 的安装过程。

建议将图 6-74 所示的"启动 CuteFTP5.0 XP"复选框设置为非选定状态。接下来将介绍 CuteFTP 的其他启动方法。

(2) 下面看一下 CuteFTP 的启动和界面组成。CuteFTP 的启动与一般程序的启动方法相同：双击桌面上的 CuteFTP 快捷方式图标，或者依次执行任务栏上的"开始"→"所有程序"→"GlobalSCAPE"→"CuteFTP"→"CuteFTP"命令。

由于 CuteFTP 属于"共享类"软件，因此必须经过付费注册后才能长期使用，下载版

图 6-74　CuteFTP 安装结束的界面

的 CuteFTP 每次启动后都会弹出"评估通知"对话框,必须单击其中的"继续使用"按钮才能打开 CuteFTP 的主窗口界面(如图 6-75 所示),界面中主要组成部分的含义如下:

- 菜单栏:CuteFTP 所有功能命令的分类菜单。
- 工具栏:列出了 CuteFTP 常用功能命令的工具按钮。依次执行菜单栏上的"查看"→"工具栏"菜单命令可以显示或隐藏该工具栏。
- 日志窗格:用于显示 CuteFTP 运行过程中的状态信息,如正在连接的站点、连接是否成功、错误信息以及日期时间信息等。
- 本地信息窗格:用于显示本地计算机的存储信息和选择准备上传的内容。
- 远程 FTP 服务器信息窗格:用于显示 FTP 服务器上的信息和选择准备下载的内容。

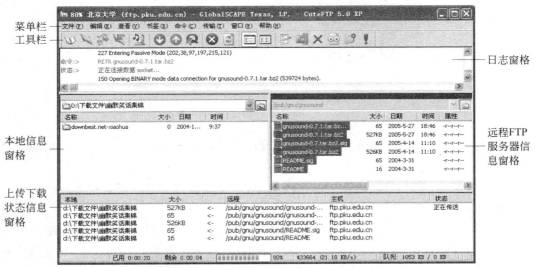

图 6-75　CuteFTP 主窗口界面

• 上传下载状态信息窗格：用于显示上传和下载过程中的状态信息。

（3）CuteFTP 的设置一般采用其默认设置即可。但以下几项，用户应注意观察其默认设置是否适合用户要求，必要时可重新设置。在如图 6-75 所示的 CuteFTP 主窗口界面中依次执行菜单栏上的"编辑"→"设置"命令，打开"设置"对话框，如图 6-76 所示。在该对话框中用户可以修改 CuteFTP 的默认环境设置，以便适合用户本机的实际环境。

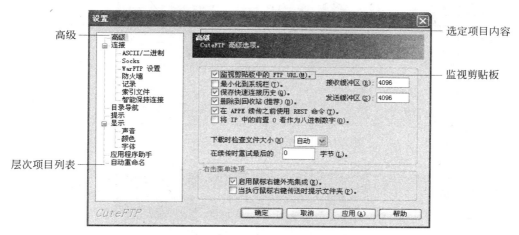

图 6-76　"设置"对话框中的"高级"选项

• 监视剪贴板设置：在图 6-76 左边的"层次项目列表"栏中选定"高级"项，则右边的"选定项目内容"栏即为该"高级"项目下可设置修改的具体内容，将"监视剪贴板中的 FTP URL"设置为选定，这样，CuteFTP 就可以将用户"复制"到"剪贴板"上的某 FTP 服务器文本形式的 URL 作为连接地址自动添加为新下载任务。

• 匿名登录 FTP 服务器的密码设置：匿名登录 FTP 服务器时，有时需要以anonymous 作为用户名，以 guest 或用户自己的电子邮件地址作为密码。为了方便，用户可以在图 6-76 所示的"设置"对话框左边的"层次项目列表"栏中选定"连接"项，如图 6-77 所示，在"电子邮件（用于匿名连接）"文本框中输入自己的电子邮件地址，以后 CuteFTP 在匿名连接 FTP 服务器时可以省去询问用户名和密码的步骤，加快连接速度。

• 断点续传设置：为了使用 CuteFTP 的"断点续传"功能，要选定图 6-77 中的"总是检查并存储每个站点的'续传'性能"复选框。

• 默认下载目录设置：用户若希望将下载文件总是下载到指定位置，可以在图 6-76所示的"设置"对话框左边的"层次项目列表"栏中单击"目录导航"，如图 6-78 所示，在"默认下载目录"文本框中输入下载文件的指定位置，注意要将"记住进程中使用的最后本地目录"复选框设置为非选定状态，否则每次 CuteFTP 启动时均以上次最后使用的目录为默认目录。

（4）站点管理器是 CuteFTP 提供的重要工具，其作用是帮助用户管理 FTP 服务器，可以添加、修改、删除用户常用的 FTP 服务器信息，设置默认连接的 FTP 服务器或选择连接的 FTP 服务器等。站点管理器有两种打开方法：一种方法是在图 6-75 所示的

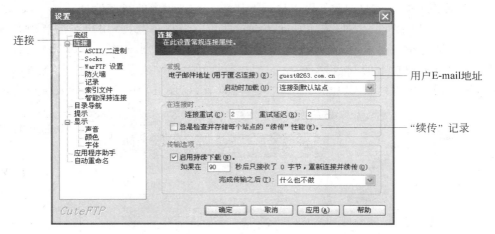

连接 ——

用户 E-mail 地址 ——

"续传"记录 ——

图 6-77 "设置"对话框中的"连接"选项

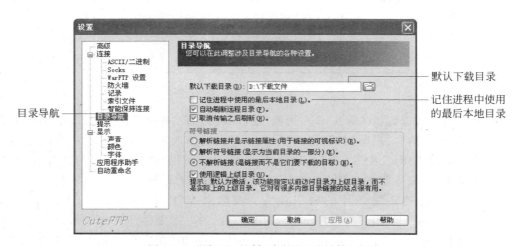

目录导航 ——

默认下载目录 ——

记住进程中使用
的最后本地目录 ——

图 6-78 "设置"对话框中的"目录导航"选项

CuteFTP 主界面上单击工具栏中的"站点管理器"按钮;另一种方法是在图 6-75 所示的 CuteFTP 主界面上依次执行菜单栏上的"文件"→"站点管理器"命令。打开后的站点管理器窗口如图 6-79 所示,站点管理器的设置和使用主要包括以下操作:

- 选定站点及设置:在站点管理器对话框左边的站点列表栏中选定某站点,如选定 "北京大学"站点,则在右边的"站点信息设置栏"中列出了选定站点的详细信息, 用户可根据实际情况重新进行设置。其中的"站点标签"栏用于由用户为新建站 点指定一个适当的名称;"FTP 主机地址"栏是最重要的,必须设置正确,否则将 无法连接到该站点,其中应输入的是该站点的 URL;"登录类型"一般为"匿名"; 其他项保持默认即可。
- 设置某站点为默认连接站点:所谓默认连接站点是指启动 CuteFTP 后自动连接 的站点。设置方法是:在站点列表栏中右击某站点,在弹出的快捷菜单中依次执 行"高级"→"作为默认使用"命令。

站点列表栏　　　　　　　　站点信息设置栏

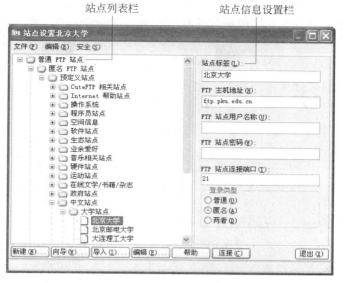

图 6-79　"站点管理器"对话框

- 添加新站点信息：根据待添加的新站点类别，在站点列表栏中选定相应类别的文件夹，单击"新建"按钮，然后在右边的"站点信息设置栏"中设置其详细信息。
- 添加新类别文件夹：在站点列表栏中选定待添加新类别文件夹的上级文件夹，选择"文件"→"新建文件夹"命令。
- 删除某站点信息：在站点列表栏中选定待删除站点，选择"编辑"→"删除"命令。
- 为站点或类别文件夹重命名：在站点列表栏中选定待重命名的站点或类别文件夹，选择"编辑"→"重命名"命令。

（5）下面介绍 CuteFTP 的几个常用操作。

- 连接在站点管理器中已设置好的站点：在站点管理器对话框左边的站点列表栏中选定待连接的站点，再单击"连接"按钮即可。
- 重新连接：当传输由于某种原因发生中断时，用户可以在 CuteFTP 主窗口中选择"文件"→"重新连接"命令，可以实现 CuteFTP 的断点续传功能。
- 下载文件：首先连接到下载文件所在的 FTP 服务器，则该 FTP 服务器上可供下载的文件夹及文件目录将会显示在 CuteFTP 主窗口右边的远程 FTP 服务器信息窗格中，在此窗格中选定待下载的文件或文件夹，可以借助 Ctrl 或 Shift 键实现多选；最后单击 CuteFTP 主窗口中工具栏上的"下载"按钮即可开始进行下载操作。
- 上传文件：首先连接到接收用户上传文件的 FTP 服务器，则 FTP 服务器上的文件夹及文件目录将会显示在 CuteFTP 主窗口界面右边的远程 FTP 服务器信息窗格中，在此窗格中选定接收用户上传文件的文件夹；在主窗口左边的"本地信息窗格"中选定待上传的文件或文件夹，可以借助 Ctrl 或 Shift 键实现多选；最后单击 CuteFTP 主窗口中工具栏上的"上传"按钮即可开始进行上传操作。

- 站点对传：由用户在本地机上实现在两个 FTP 站点之间的文件直接传输，当然，前提是用户应首先获得此操作的权限。具体做法是：首先在 CuteFTP 主窗口中依次执行菜单栏上的"窗口"→"新建 CuteFTP 窗口"命令，再创建一个新 CuteFTP 窗口，并在两窗口中分别连接两个 FTP 站点，最后将在其中一个窗口选定的文件或文件夹拖拽到另一个窗口中即可。

4. 归纳分析

事实上，在 CuteFTP 中上传或下载文件还可以有多种方法。例如在 CuteFTP 主窗口中，可以通过在左边的"本地信息窗格"与右边的"远程 FTP 服务器信息窗格"之间互相拖拽选定文件或文件夹，来实现上传（从左拖到右）或下载（从右拖到左）；还可以在左边的"本地信息窗格"中双击某文件或文件夹实现上传，在右边的"远程 FTP 服务器信息窗格"中双击某文件或文件夹实现下载等。更多功能可以参考 CuteFTP 的"帮助"菜单或 CuteFTP 网站的"在线帮助"，这实际上是学习大多数软件使用方法的有效途径之一。

目前流行的还有其他很多上传下载工具软件，如 FlashFXP、LeapFTP 等，它们与 CuteFTP 在功能和操作使用上基本相同。用户可以参照 CuteFTP 的操作方法学习使用它们，当然用户最终应该确定其中某一种作为自己长期使用的上传下载工具。

6.3.7 使用 BT 方式下载文件

1. 目标与任务分析

Bit Torrent 译为比特流，简称 BT 下载或 BT，是一种采用了多点对多点原理的下载方式。以往遵守 HTTP 或 FTP 协议的基于一台服务器面对众多客户机的下载方式，随着同时下载用户数的增加，下载速度会急剧下降。而 BT 下载方式却正好相反，随着同时下载用户的增加，下载速度会加快。其实，BT 下载之所以具有这种特点的原因很简单，那就是多个同时下载同一个文件的每一个用户，都是同时从除他自己之外的所有其他用户那里下载该文件的不同部分，当然，每一个用户自己也同时在为其他所有用户上传该文件的某一部分，正是因为采用了这种多用户之间同时交叉下载的下载方式，才使得 BT 下载具有了下载用户越多下载速度就越快的特点。

本任务的目标是使用户在了解 BT 下载基本原理及相关基本概念的基础上，学会使用一种常用的 BT 下载工具软件快速下载文件。

2. 操作思路

首先介绍几个与 BT 下载相关的概念：
- BT 客户端软件：泛指运行在用户自己计算机上的支持 BT 协议的应用软件。
- Tracker 服务器：Internet 上支持 BT 协议，为客户端提供 BT 服务的服务器。
- Torrent 文件：又称"种子"文件，扩展名为.torrent，是一种用于记录 BT 下载文件详细信息的文件，一般都较小。用户只有得到所需下载文件对应的 Torrent 文件才能实现对该文件的 BT 下载；同时如果某用户希望将自己本地机中的文件提供给网上其他用户作为 BT 下载文件，该用户也必须预先为这些文件制作对应的 Torrent 文件，并发布到 Tracker 服务器上供其他用户下载使用。

- Announce：将 Torrent 文件发布到 Tracker 服务器的过程。其目的是让网络上的用户知道你提供了可以 BT 下载的文件，供其他用户 BT 下载。

本任务中，将介绍一种常用的 BT 客户端下载工具软件 BitComet 的使用方法。用户可以直接进入 BitComet 的官方网站 www.BitComet.com，下载 BitComet 的最新版本 BitComet v 0.60，下载得到的 BitComet 安装程序文件名为 BitComet_0.60.exe。

3. 操作步骤

（1）首先看一下 BitComet 的安装。在"我的电脑"或"Windows 资源管理器"中找到已下载的 BitComet 安装程序文件，如 BitComet_0.60.exe，双击后启动安装程序，出现选择语言的 Installer Language 对话框，如图 6-80 所示，按图 6-80 所示选择 Chinese（Simplified）（即简体中文）后单击"OK"按钮，则开始了 BitComet 的安装。

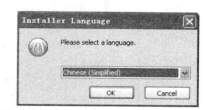

其后的安装过程与前面安装其他软件的安装过程基本相同，这里不再详述。待出现图 6-81 所示的界面时，单击"完成"按钮即完成了 BitComet 的安装。

图 6-80　BitComet 安装的语言选择界面

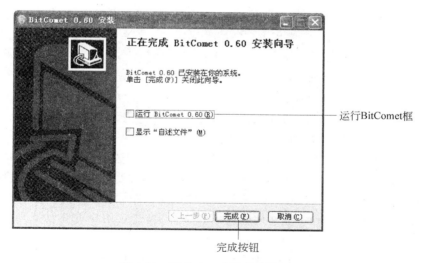

图 6-81　BitComet 安装结束的界面

建议将图 6-81 所示的"运行 BitComet 0.60"选择框设置为非选定状态。接下来将介绍 BitComet 的其他常用启动方法。

（2）下面介绍 BitComet 的启动和界面组成。BitComet 的启动与一般启动程序方法相同：双击桌面上的 BitComet 快捷方式图标，或者依次执行任务栏上的"开始"→"所有程序"→"BitComet"→"BitComet"命令，即可打开 BitComet 的主窗口界面，如图 6-82 所示。界面中的主要组成部分含义如下：

- 菜单栏：为 BitComet 所有功能命令的分类菜单。
- 工具栏：列出了 BitComet 常用功能命令的工具按钮。通过依次执行菜单栏上的"视图"→"工具栏"菜单命令，可以显示或隐藏该工具栏。

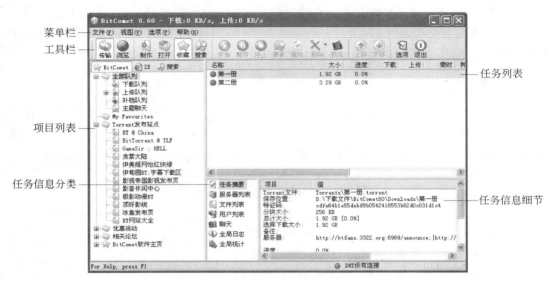

图 6-82　BitComet 主窗口界面

- 项目列表：分层列出了 BitComet 可使用项目的列表。其中，上面列出了下载任务类别，下面部分列出了常用 BT 网站类别。
- 任务列表：列出了左边某任务类别下的所有任务。
- 任务信息分类：列出可显示任务信息的分类项。
- 任务信息细节：显示选定任务某种分类信息项的所有细节。

（3）BitComet 的设置大部分按其默认设置即可，但以下几项用户应注意观察其默认设置是否适合用户要求，必要时应重新设置。

- 任务设置：依次执行 BitComet 主窗口菜单栏上的"选项"→"选项"命令，或直接单击工具栏中的"选项"按钮，弹出"选项"对话框，如图 6-83 所示。在左窗格单击选择"任务设置"选项后，对右窗格中以下两项要重新设置：
  - 默认下载目录：为下载文件时所用的文件夹，建议用户重新设置为剩余空间较大的硬盘中的某个文件夹，最好不要设置为 C 盘。
  - 下载前先分配空间：此项建议设置为选定状态，可减轻 BT 下载对硬盘的损耗。
- 与 Windows 的命令集成设置：依次执行 BitComet 主窗口菜单栏上的"选项"→"选项"命令，或直接单击工具栏中的"选项"按钮，弹出"选项"对话框，如图 6-84 所示。在左窗格中选择"界面外观"选项后，建议将"运行时添加制作 Torrent 的快捷方式到右键菜单"设置为选定状态，目的是方便今后制作 Torrent 文件。

（4）BitComet 主窗口界面的设置。BitComet 主窗口界面可根据用户的不同使用要求有所改变，这种改变主要是通过单击工具栏上的几个按钮来实现的。

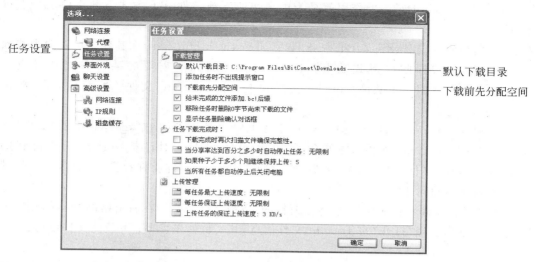

图 6-83 "选项"对话框中的"任务设置"项

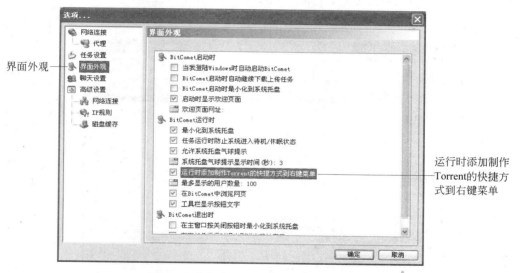

图 6-84 "选项"对话框中的"界面外观"项

- 左边窗格是否保留,取决于开关式"收藏"按钮是否处于按下状态。
- 右边窗格的显示内容,取决于"传输"和"浏览"两个按钮哪一个处于按下状态。单击"传输"按钮则右窗格显示 BT 文件传输功能;若单击浏览"按钮"按钮,则右窗格成为浏览器,可用于浏览用户 BT 传输时所需的 BT 网站页面,这也是 BitComet 的重要特色之一。
- 当按下"搜索"按钮时,左窗格将显示为"搜索"框,可通过输入"关键字"在常用 BT 网站中进行搜索,搜索结果显示在右窗格。搜索完毕后,用户再单击"收藏"和"传输"两个按钮,则 BitComet 主界面会返回到图 6-82 所示的状态。

(5) BitComet 的最主要作用就是为用户快速下载文件，BT 方式下载文件的一般过程是：

- 用户应首先登录到某 BT 服务网站，如 www.btbbt.com，在其各论坛页面中找到其他用户以附件形式贴上去的，而且正是自己所需要的某下载文件对应的 Torrent 文件，下载该 Torrent 文件到本地机（Torrent 文件一般都很小，下载很快）。
- 启动 BitComet，打开如图 6-82 所示的主界面窗口，依次执行菜单栏上的"文件"→"打开 Torrent 文件"菜单命令，在弹出的"打开"对话框中选定下载得到的 Torrent 文件，再单击"打开"按钮，则该 Torrent 文件就保存到了 BitComet 的默认下载目录中。
- 在 BitComet 主窗口中，选定左窗格的"下载队列"项，则在右窗格的"任务列表"中显示出已经"打开"的 Torrent 文件信息，其实也就是可 BT 下载的文件信息，如图 6-85 所示。
- 在右窗格的下载"任务列表"中选定一个或若干个准备 BT 下载的文件，再单击工具栏中的"开始"按钮，则开始了真正的 BT 文件下载操作。

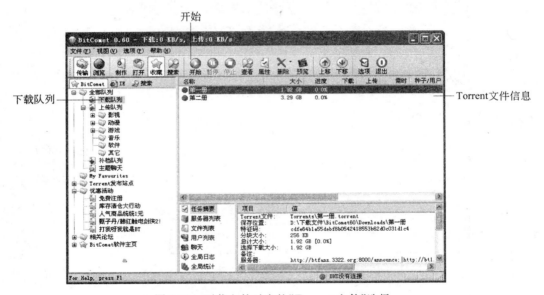

图 6-85　下载文件对应的"Torrent 文件"选择

(6) 注意 Torrent 文件在 BT 传输方式中起着非常的作用。下面就介绍使用 BitComet 制作 Torrent 文件的操作过程。

- 首先选定准备提供给网上其他用户 BT 下载的文件夹或文件，若已经在"界面外观"选项卡中选定了"运行时添加制作 Torrent 的快捷方式到右键菜单"复选框，则只需在选定的文件夹或文件上右击，在弹出的快捷菜单中选择"制作.Torrent 文件"命令，打开"制作 Torrent 文件"对话框，如图 6-86 所示。

另外，用户也可以在 BitComet 主窗口中，依次执行菜单栏上的"文件"→"制作

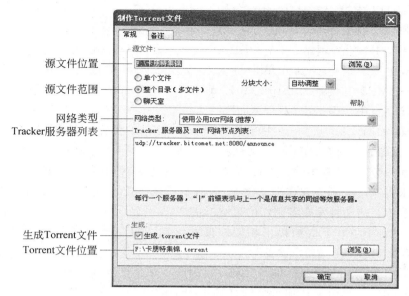

图 6-86 "制作 Torrent 文件"对话框

Torrent 文件"命令,或者直接单击工具栏中的"制作"按钮,均会打开如图 6-86 所示的"制作 Torrent 文件"对话框,只是此时的"源文件位置"文本框为空白,需要通过单击该框右边的"浏览"按钮,在随后弹出的"打开"对话框中选定准备制作 Torrent 文件的源文件夹或源文件。

- 在"制作 Torrent 文件"对话框中,"源文件"选项组用来指定选定的是文件还是文件夹,用户只需根据实际情况单击选定其中的"单个文件"或"整个目录"单选按钮即可。

用户必须在"制作 Torrent 文件"对话框中指定希望为用户提供 BT 服务的 Tracker 服务器网站的 URL,必要时还可以指定多个,以增加连接成功的可能性。这一项以前版本的 BitComet 和其他 BT 客户端软件都没有默认设置,用户必须预先在网上查找可以作为 Tracker 服务器的网站的 URL,并输入到此框中,否则将无法实现 BT 传输。但目前的 BitComet0.60 版本含有默认设置,用户完全可以接受此对话框中"网络类型"和"Tracker 服务器列表"中的默认设置,当然,也可以在"Tracker 服务器列表"中重新指定 Tracker 服务器或添加更多新的 Tracker 服务器。

"制作 Torrent 文件"对话框的最下方是"生成"Torrent 文件方面的设置,其中的"生成 Torrent 文件"复选框必须设置为选定状态;在最下面的"Torrent 文件位置"文本框中,用户可以指定生成后的 Torrent 文件在本地计算机上的保存位置。

- 以上设置完成后,单击"确定"按钮,则在指定位置生成.Torrent 文件,其主名为原文件夹名或原文件名。

(7) 发布 Torrent 文件。制作完成 Torrent 文件以后,就可以上传提供给网上其他用户 BT 下载的文件夹或文件了,但在上传之前还必须在某 BT 服务网站上发布 Torrent 文件,也就是在网上宣布你可以为大家提供什么可以下载的内容。下面就举例说明

Torrent 文件的发布过程：

- 设我们已经通过步骤(6)的方法制作了名为"刀郎.Torrent"的 Torrent 文件。
- 进入某 BT 服务网站，如"BT@China 联盟"网站，其网址为 http：// bt1. btchina. net，在其主页中找到并单击进入与你发布内容相近的某联盟成员主页，如 FrankMP3，其网址为 http：// bt1. btchina. net/frankmp3。
- 在该主页中找到进入"发布页面"的"点这里发布"链接，打开". Torrent 文件发布"页面，如图 6-87 所示。在其中的". Torrent 文件的位置和名称"文本框中通过"浏览"按钮输入你的. Torrent 文件在本地机中的保存位置和名称。在"发布者的名称和口令"文本框中输入你在该站点注册的名称和口令(一般的 BT 服务站点都要求发布者要预先在该网站注册，而对于只是下载的用户则没有此要求)。另外，有些 BT 站点对发布者制作的 Torrent 文件在指定 Tracker 服务器时有确定的要求，此站点就在下面给出了相应的提示信息，用户必须按要求制作你的 Torrent 文件才能在该网站上"发布"。
- 最后再单击"OK"按钮，即可完成了 Torrent 文件的发布过程，网上其他用户就可以从你的计算机上往他自己的计算机中下载你提供的文件了。但作为发布者的你还要完成步骤(8)的操作，才能成为真正 BT 文件提供者。

图 6-87　BT 站点的"发布"页面

(8) 上传 Torrent 文件。

为了能向网上其他用户提供 BT 传输服务，用户首先必须在网上保持一定的在线时间，然后在 BitComet 中进行如下操作即可：

- 在 BitComet 主窗口左窗格中单击"上传队列"，在右窗格的"任务列表"中将显示出 Torrent 文件的上传任务，单击选定一个任务，再单击工具栏中的"属性"按钮，弹出"任务属性"对话框，如图 6-88 所示。

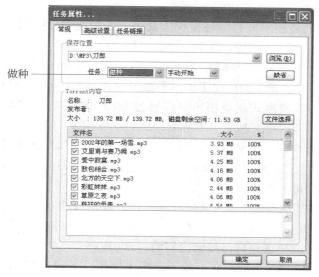

做种

图 6-88　BitComet 的"做种"设置

- 在"任务属性"对话框中,单击"常规"选项卡,将其"任务"项设置为"做种"。另外在该对话框的"高级设置"标签中,用户还可以重新指定或添加多个 Tracker 服务器的 URL,必要时可以尝试,这里不再详述。
- "任务属性"对话框设置完成后,单击"确定"按钮,返回到 BitComet 主界面,重新选定已经设置完成的上传任务,再单击工具栏中的"开始"按钮,则开始了上传过程。如果需要,用户可以使用工具栏中的"暂停"或"停止"按钮来控制上传过程。

4. 归纳分析

在本任务中,介绍了 BT 下载方式的含义以及相关的一些概念,该下载方式与传统的 HTTP 或 FTP 下载方式哪个更好、更快,并不能一概而论,它们在不同的网络环境、下载内容、下载时间以及下载人数等情况下有不同的表现。例如,在下载内容很热门、下载人数很多时,采用 BT 下载方式就更好些;而在下载人数少、网络不繁忙的下载时段下载时,采用传统下载方式就更好些。用户应根据自己的网络和计算机的实际情况采用适合自己的下载方式,当然也可以采用两者相结合的方式。

另外,目前流行的 BT 客户端软件有很多种,它们的功能和操作方法也大同小异,用户采用哪一种都可以,主要是要适合用户自己的使用习惯以及网络和计算机的环境。读者通过本任务介绍的 BitComet,再去了解学习其他 BT 工具软件应该不是困难的事情了。

本章小结

1. 搜索是指在 Internet 大量的信息资源中找到用户自己所需要的那一部分内容。常用的搜索方法主要有两大类,一类是直接使用 IE 浏览器提供的搜索功能,另一类就是使用搜索引擎。

2. 使用 IE 浏览器搜索又有两种操作方法：一种是在 IE 地址栏中直接输入搜索命令，另一种是使用 IE 工具栏中的"搜索"按钮。另外，IE 还提供了在本页面中进行查找的功能。

3. 搜索引擎本质上是 Internet 上的一种服务功能，能够为用户提供方便快捷的信息资源搜索服务，具体表现形式就是用户可以通过 URL 访问的专业网站。目前常见的搜索引擎主要有两大类，即全文搜索引擎和目录索引搜索引擎。

4. Google 是当今世界上最受欢迎的全文搜索引擎之一，熟练地使用 Google 可以让用户方便快捷地在网上搜索到自己所需要的信息资源。学习使用 Google 最重要的就是学会使用 Google 常用的搜索语法。

5. 本章介绍的其他搜索引擎都与 Google 有很多相似的功能和使用方法，但它们又各有自己的一些特点，特别是它们收集信息的渠道和侧重点各有不同，用户只有通过实践选择更适合自己的，或更适合自己搜索内容的搜索引擎。

6. 上传下载是用户在 Internet 上经常进行的操作。下载是将 Internet 网上的资源，如软件、声音、图片和文档资料等保存到用户个人计算机硬盘上的过程。上传则正好相反，是将用户个人计算机中的资源传送到 Internet 网上的过程。

7. 上传下载面临的两个问题是：下载过程中网络连接意外中断怎么办？下载怎样才能更快速？目前，解决这两个问题最有效的方法就是使用采用了断点续传技术和多线程下载技术的传输工具软件。

8. 将准备上传的信息压缩和将下载的信息解压缩也是提高网上信息传输效率的有效手段，WinRAR 和 WinZip 是用户应该掌握的两个压缩解压缩工具软件。

9. 本章介绍的几种上传下载工具软件都是目前用户常用的网络上传下载工具，用户应该通过实践很好地掌握它们的使用方法。特别是应该通过对它们的使用，总结出这一类工具软件的共性和个性，以便将来在新诞生的更优秀的这类软件面前也能够得心应手地操作。

10. FlashGet 和迅雷是很好用的下载工具软件，而 CuteFTP 主要用于 FTP 方式的上传和下载操作，特别是用于上传更普遍。目前还有很多新的下载工具软件，既好用又功能强大，例如搜狐的"搜狗直通车"不仅可以作为搜索引擎，而且还具有强大的加速下载功能，读者也不妨一试。

11. BT 是一种多点对多点的信息传输技术，它的优劣还有待时间和实践的检验，读者不妨使用本章介绍的 BT 工具软件 BitComet 参与到实践中来。

习题

6.1 使用 IE 浏览器的搜索命令搜索含有关键词"健康保健"相关的网页信息。

6.2 打开 6.1 题搜索结果中的某一网页，在该页面中再进一步查找讲述"糖尿病"问题的具体位置。

6.3 进入 Google 主页面，下载 Google 工具栏并安装。

6.4 将 6.2.3 小节中的实例 1～实例 12 在 Google 工具栏中进行实际操作练习,并观察搜索结果。

6.5 尝试利用百度、雅虎、新浪、搜狗等搜索引擎完成 6.4 题的搜索要求,并注意观察搜索结果信息内容各自的特点。

6.6 选择一款你喜爱的搜索引擎,利用该搜索引擎搜索并下载本章中介绍的几种软件:WinRAR、WinZip、FlashGet、NetAnts、CuteFTP、BitComet。

6.7 安装上述软件并根据所学内容适当设置它们。

6.8 选择本地机 D 盘上的一个 10MB 左右大小的文件夹,使用 WinRAR 将其以不同的压缩文件名分别压缩为 RAR 格式、ZIP 格式和自解压缩格式的压缩文件,并暂时保存在 D 盘根目录下。建议各压缩文件主名分别为 LXRAR、LXZIP、LXEXE,扩展名保持默认。

6.9 为 6.8 题中的自解压缩文件添加密码,密码为 686868。

6.10 在 D 盘上新建一个名为 LX 的文件夹,将上述 3 个压缩文件在该目录下解开压缩。

6.11 选择你喜爱的某个搜索引擎,利用该搜索引擎搜索两部你很想看的电影或电视剧,再分别使用 FlashGet 和迅雷将它们下载到 6.10 题建立的文件夹 D:\LX 中。注意观察哪个下载软件的速度更快些?

6.12 利用 CuteFTP 登录"清华大学"的 FTP 网站,进去看看有没有你感兴趣的好东西,把它下载下来;再试试看能不能把你的文件上传上去?

6.13 登录本章介绍的 BT 网站,上面有很多好玩好看的东西,试试把自己喜欢的内容用 BT 方式下载下来,并比较一下下载速度的变化特点。

6.14 试着把自己的好东西做成"种子",提供给网上其他用户 BT 下载。

第7章

网上资源利用

人类已进入 21 世纪，在这个高度信息化的社会，计算机的应用日益普及，特别是计算机网络技术的迅猛发展，彻底改变了人们的生活方式和生产方式，而且这种变化还在继续深入，现在的人们没有互联网同样可以生活，但有了互联网却可以使生活更精彩。

利用 Internet 提供的丰富的信息资源，人们可以跨越空间，方便快捷地实现各种方式的信息交流，可以在 Internet 中很流畅地听"音乐"看"电影"以及网上看书学习、网上购物、网上玩游戏等，所有这些给人们的生活、工作、学习、娱乐等各个方面都带来了巨大的变化，网络让人们足不出户，就可以领略世间万千。

现在的中国，网络时代虽然还没有完全到来，但它正以超出人们想象的速度发展。2005 年 1 月 19 日，中国互联网络信息中心（CNNIC）发布第 15 次统计报告表明，截至 2004 年底，中国大陆上网用户总数为 9400 万。在这种形势下，网上资源的利用就成为每一个现代人都必须掌握的基本知识与技能。本章将通过一些具体的实例介绍利用网上资源的技能和操作，帮助读者打开通向网上生活的大门。

本章要介绍的内容有：

- 使用 QQ、MSN 进行网上交流
- 网上音频、视频播放
- 网上看书学习
- 网上购物
- 网上银行
- 网上听广播、看电视
- 网上游戏
- 网上博客

7.1 网上交流

交流是人们生活的重要组成部分，现在，无论是学习、生活、工作，人们都需要与他人进行各种方式的信息交流，并且希望是范围更大、内容更广泛、观点更多样、方式更便捷的交流,Internet 为人们实现这样的交流创造了条件。本节将讨论如何利用 Internet 进行信息交流,并介绍两种常用的网上交流软件:QQ 和 MSN。

7.1.1 了解网上交流

1. 网上交流的方式

网上交流的方式有很多种,如 BBS 论坛、新闻组、网上视频会议和 IP 电话等,但目前各种网上交流方式中,使用人数最多的还是聊天室以及 QQ、MSN 等聊天软件。

2. 什么是聊天室

聊天室(Chat Room)是网上用户进行信息交流的主要方式之一,也可以理解为用户在 Internet 网上聊天交流信息的一块天地。一般都是由一些专业网站通过浏览器提供、组织并管理这项服务,通常称之为基于浏览器的聊天室。

3. 什么是 QQ

QQ 是由腾讯计算机系统有限公司自主开发的基于 Internet 的即时通信(IM)工具软件。用户可以使用 QQ 与网上其他用户进行即时交流,其特点是文字聊天即时发送、即时接收,使用方法简单方便。另外,QQ 还具有视频语音聊天、聊天室、文件传输以及和手机短信互联互通等服务功能。QQ 是我国目前用户数最多、最受用户欢迎的即时通信软件。

4. 什么是 MSN

MSN 是美国微软公司推出的基于 Internet 的即时通信工具软件。其功能与 QQ 基本相同,也可以提供用户之间的文字聊天、视频语音聊天等功能。但二者各有自己的特点,MSN 与 QQ 一个最主要的区别就是用户群的不同,QQ 的用户主要是国内用户,而MSN 的用户群遍布全世界,而目前 MSN 在国内的用户数量远远少于 QQ。

7.1.2 使用聊天室

1. 目标与任务分析

本任务将介绍如何使用聊天室与网上的朋友进行信息交流。

2. 操作思路

以中华网聊天室为例,介绍如何在聊天室注册、登录以及聊天的方法。

3. 操作步骤

(1)启动 IE 浏览器,在地址栏中输入中华网聊天室 URL:http://chat.china.com,打开中华网聊天室首页,如图 7-1 所示。

(2)在图 7-1 所示的中华网聊天室首页中,单击"用户登录"链接按钮,打开"用户注

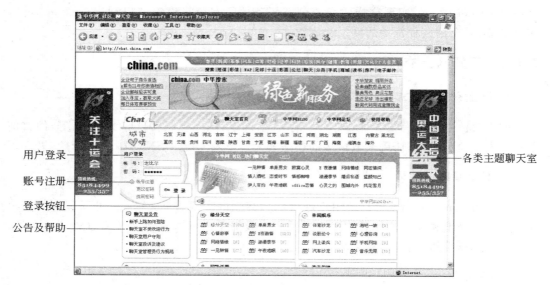

用户登录
账号注册
登录按钮
公告及帮助

各类主题聊天室

图 7-1　中华网聊天室首页

册"页面,如图 7-2 所示。

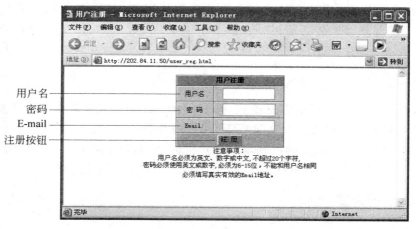

用户名
密码
E-mail
注册按钮

图 7-2　"用户注册"页面

大多数聊天室都要求用户必须注册一个账号以后才能在聊天室发言,否则只能以游客或客人的身份旁观别人高谈阔论了。当然,并不是所有聊天室都对游客那么苛刻,中华网聊天室对待游客和注册用户就是平等的;在此为了了解一般聊天室的注册过程,还是在中华网注册一个账户。

(3) 在图 7-2 所示的注册页面中,分别输入自己选定的用户名、密码和真实的 E-mail 地址(用于当用户忘记密码时找回密码),再单击"注册"按钮,若弹出如图 7-3 所示的"注册成功"页面,则说明已经顺利完成了注册过程。

(4) 注册成功以后,用户在每次进入中华网聊天室开始聊天之前,首先在图 7-1 所示的聊天室首页的"用户登录"区输入账号和密码,再单击"登录"按钮,即可使用已经注册的

图 7-3 注册成功页面

用户身份与网友们聊天了。

（5）选择聊天室：登录以后，用户就可以在图 7-1 所示的聊天室首页中单击某主题聊天室的链接按钮，如"心灵之约"，进入聊天室页面，如图 7-4 所示，其中各部分含义如下：

- 公共窗口：用于显示聊天室中所有非私聊的信息，以及聊天室公告，如宣布某用户进入聊天室或者某用户改名等。
- 个人窗口：用于显示只与用户个人有关的信息，如用户发给别人的信息和别人发给用户的信息。
- 用户列表：列出了当前所有在本聊天室中的用户和游客。
- 聊友名框：显示用户选定的聊天对象。若显示为"所有人"，是指用户在对本聊天室中所有其他用户发布信息；若显示为某个用户名，则是只针对该用户发布信息，但是若"私聊"选项未被选中，该信息也是能被所有其他用户看到的。

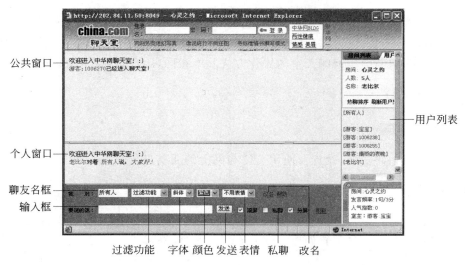

图 7-4 聊天室页面

- 输入框：用户输入聊天文字信息的文本框。
- 发送按钮：单击此按钮，可以将"输入框"中的信息发送出去。
- 过滤功能选框：用于将用户不想看到的某用户发布的信息内容屏蔽掉，当然也可以解除所设置的屏蔽。具体方法就是首先在"用户列表"中选定某用户，然后在本选项中选择"屏蔽此人"或"解除屏蔽"命令即可。
- 字体选框：用于选择聊天文字内容显示时的字体。
- 颜色选框：用于选择聊天文字内容显示时的颜色。
- 表情选框：用于选择聊天文字内容显示时，能够代表用户心情的文字或图形信息。
- 改名按钮：单击此按钮，可以改变自己的昵称，以不同形象出现在聊天室中。
- 私聊选项：选定此项时，则用户发出的信息只有用户自己和用户的聊天对象可以看到，聊天室中其他用户将无法看到这些信息了。

（6）此时可以开始聊天了，首先在图 7-4 所示的聊天室页面右边的"用户列表"中选择一个用户作为聊天对象，则该用户就会显示在"聊友名框"中；然后在"输入框"中单击，输入准备发出的文字信息；最后单击"发送"按钮即可。

若希望只有自己的聊友可以看到发出的信息，则只需将"私聊选项"选定，再单击"发送"按钮即可。另外，也可以通过在"字体"、"颜色"和"表情"等选框中的选项，使自己发送的文字信息带上感情色彩。

如果不喜欢某个用户发送的信息内容，可以将该用户发出的所有信息在自己的聊天室页面上过滤掉，具体操作方法是：在"用户列表"中选定此用户，然后在"过滤功能"下拉菜单中选择其中的"屏蔽此人"命令。当然，必要的时候也可以通过"过滤功能"下拉菜单解除对该用户的屏蔽。

4. 归纳分析

目前提供聊天室服务的网站有很多，感兴趣的用户只要在某个搜索引擎中以"聊天室"为关键词进行搜索，就可以搜索到大量综合性或主题性的聊天室网站。各聊天室的操作方法与上面介绍的中华网聊天室的操作方法基本相同，用户只需参照执行即可。

7.1.3　使用 QQ

1. 目标与任务分析

本小节介绍如何安装、设置及使用 QQ 与网上的朋友进行信息交流。

2. 操作思路

使用 QQ 进行即时信息交流必须首先安装 QQ 客户端软件，其安装文件可以在很多软件下载网站下载。本任务我们以 QQ2010 版本为例，介绍它的安装、设置以及主要使用方法。QQ 客户端软件安装成功以后，必须申请 QQ 号码才能利用 QQ 与网上其他同样拥有 QQ 号码的用户进行信息交流。申请 QQ 号码可以采用多种不同的方式，还可以选择能够拥有不同权限和享受更多增值服务的多种不同类型，但大部分权限和增值服务都是需要另外付费的。本小节将介绍使用 QQ 客户端软件的方式，申请具有基本功能的免费 QQ 号码的操作方法，用户若希望拥有更多权限和享受更多增值服务，可以在熟悉使用 QQ 以后，申请升级 QQ 号码。

3. 操作步骤

首先介绍 QQ 的安装过程、号码的申请和界面设置操作。

（1）在"我的电脑"或"Windows 资源管理器"中找到已下载得到的 QQ 安装程序文件 QQ2010SP3.1.exe，双击运行该程序文件，打开如图 7-5 所示的安装向导窗口，按照提示依次执行相关操作，最后打开图 7-6 所示的安装成功窗口，单击"完成"按钮即可完成 QQ 客户端软件的安装。

图 7-5　QQ 安装向导

图 7-6　QQ 安装成功窗口

（2）安装好 QQ 以后，再连接上 Internet 网络，双击桌面上的"腾讯 QQ"图标启动

QQ,打开"QQ2010"窗口,如图 7-7 所示,下面介绍窗口中主要组成元素的含义。

- "注册新账号"链接:单击此链接,进入 QQ 号码申请页面。
- "账号"文本框:拥有 QQ 号码以后,每次登录 QQ 时,需要在此框中输入用户的 QQ 号码。
- "密码"文本框:申请 QQ 号码时都注册了一个密码,在每次登录 QQ 时,需要在此框中输入用户的 QQ 密码。
- "登录"按钮:用户输入完 QQ 号码和 QQ 密码以后,单击此按钮开始 QQ 登录过程,用户只需耐心等待即可。

图 7-7　"QQ2010"窗口

- "自动登录"复选框:若用户觉得每次登录 QQ 的过程很麻烦,可将此复选框选定,使 QQ 记住用户的 QQ 号码和 QQ 密码,每次启动 Windows 时都将自动登录 QQ。
- "记住密码"复选框:选定该复选框后 QQ 可记住用户的 QQ 账号及密码,以后登录时可免去输入账号和密码。
- "状态"按钮:单击按钮右边的下拉箭头可以弹出选择用户工作状态的下拉菜单,用户可以在菜单中选择自己的 QQ 状态。

（3）单击"QQ2010"窗口中的"注册新账号"链接,打开如图 7-8 所示"申请 QQ 账号"页面,首先单击"页面免费申请"栏中的"立即申请"按钮,打开如图 7-9 所示基本资料页面。

图 7-8　"申请 QQ 账号"页面

（4）在基本资料页面中填写各部分相关内容,特别注意记忆所填密码,它是以后登录

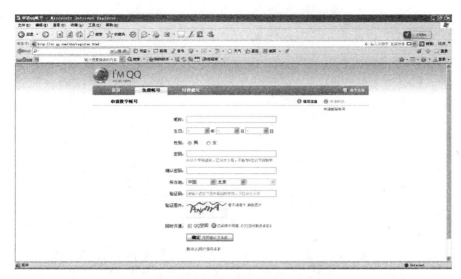

图 7-9　基本资料页面

QQ 所必需的信息。验证码需通过识别出右边图片中的文字来填写,验证码不用记忆,其作用只是为了防止有人采用计算机自动成批的填写这些信息。

(5)在图 7-9 所示基本资料页面中,单击"确定"按钮,打开如图 7-10 所示申请成功页面,该页面中给出了用户申请成功的 QQ 号码,该号码以及 QQ 密码就是用户在 QQ 上的身份和通行证,必须牢记。

图 7-10　申请成功页面

(6)为了加强用户密码安全以及在用户忘记密码时能够找回密码,QQ 为用户提供了密码保护服务功能,单击申请成功页面中的"如何让号码更安全？您可以现在就去设置密码"链接,如图 7-11 所示,打开"设置密保"对话框。

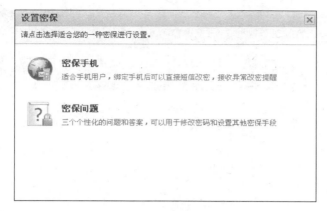

图 7-11 "设置密保"对话框

（7）单击"密保问题"按钮，如图 7-12 所示，弹出"设置密保问题"对话框，为了避免遗忘 QQ 密码，依次填入对话框中的各个问题答案，这将有助于用户今后通过回答问题快速找回 QQ 密码，单击"下一步"按钮，弹出的对话框中重新填入以上问题答案，以便进行确认。

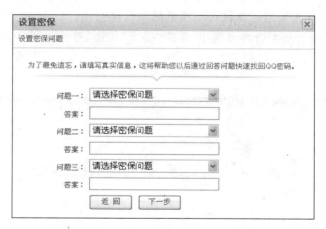

图 7-12 "设置密保问题"对话框

（8）单击"下一步"按钮，弹出如图 7-13 所示的设置密保问题成功对话框，单击"完成"按钮，完成设置密码保护服务功能，结束 QQ 号码的申请过程。

（9）成功申请到 QQ 号码以后，返回到图 7-7 所示"QQ2010"窗口，在其中输入申请到的 QQ 账号和 QQ 密码，再单击"登录"按钮即可成功登录到 QQ。为了避免今后每次登录 QQ 时都要启动 QQ 和输入 QQ 账号及密码，可以将"自动登录"和"记住密码"复选框选定，以后 QQ 就会随着 Windows 的启动自动启动和登录了。

QQ 成功登录以后，会在任务栏右边的系统托盘中出现 QQ 图标，该图标的存在是 QQ 已经启动的标志之一，同时也是 QQ 操作主界面最小化后的存在状态，单击它可以打开 QQ 操作主界面。

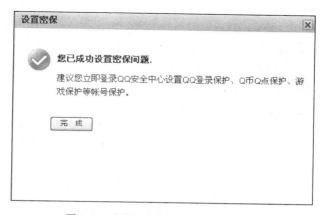

图 7-13 "设置密保问题成功"对话框

登录 QQ 以后,会在桌面右边打开 QQ 操作主界面,如图 7-14 所示,下面介绍界面中主要组成元素的含义。

图 7-14 QQ 操作主界面

- 用户信息栏:列出了用户的 QQ 昵称以及在线状态等用户信息。
- 用户头像按钮:单击代表用户的卡通头像可以打开"我的资料"对话框,如图 7-15 所示,该对话框显示了用户的注册信息,如有需要可以对相关信息进行修改。
- 更改外观按钮:单击后会弹出一个对话框,用户可以从中选择新的界面外观方案。
- 标签:该区域共有联系人、群/讨论组、微博及最近联系人等四个标签,单击不同的标签可进入对应的页面。

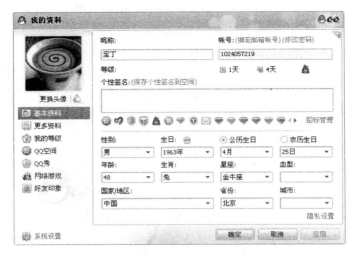

图 7-15　"我的资料"对话框

- **面板选项栏**：位于 QQ 操作主界面的最左边一列，其中放置了若干个按钮，单击其中某一个，可以使主界面中显示该按钮对应的面板环境，默认为第一个按钮对应的"QQ 好友面板"。
- **界面管理器按钮**：位于面板选项栏的最下端，单击该按钮可以打开"界面管理器"对话框，如图 7-16 所示，在该对话框中可以添加、删除面板选项栏中的按钮，还可以重新修改设置 QQ 操作主界面的环境状态。
- **列表区**：列出了用户的好友、朋友、家人、同学及陌生人名单列表和不喜欢或不希望再联系的用户名单列表。
- **主菜单按钮**：单击此按钮，可以弹出 QQ 主菜单，如图 7-17 所示，其中包括了 QQ 操作时所需要的绝大部分命令。

图 7-16　"界面管理器"对话框　　　　　　图 7-17　QQ 主菜单

- 查找联系人按钮：当用户需要找到网上的其他用户进行信息交流时，可单击此按钮查找联系人、群或企业。
- 打开系统设置按钮：为了使 QQ 更适合不同用户的需要，QQ 提供了系统设置功能，单击此按钮，打开"系统设置"对话框，如图 7-18 所示。

图 7-18 "系统设置"对话框

　　"系统设置"对话框中可以分别实现"基本设置"、"状态和提醒"、"好友和聊天"及"安全和隐私"的设置，只要在左边选框中单击选择某选项，弹出的下拉菜单中会列出该项的所有子项，单击需要修改设置的某子项，可修改设置的内容就会显示在右边设置框中，各项具体设置的含义和方法较容易理解，这里不再详述。

　　首次成功启动 QQ 以后，需要找到一些其他网上用户作为信息交流的对象，并将他们保存到"我的好友"列表中，以方便以后的交流。下面介绍添加好友的操作步骤。

　　（1）在 QQ 操作主界面中单击"查找联系人"按钮，打开"查找联系人/群/企业"对话框，如图 7-19 所示，单击选中"查找联系人"标签。

图 7-19 "查找联系人/群/企业"对话框

（2）若用户知道要添加为好友的用户的详细信息，如知道对方的 QQ 账号或昵称，则可以单击选定"精确查找"单选按钮，在"账号"文本框及"昵称"文本框中输入你所知道的对方信息，再单击"查找"按钮，打开如图 7-20 所示对话框，该对话框中列出了符合条件的查找结果。

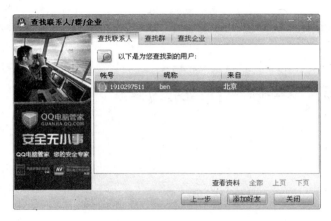

图 7-20　符合条件的查找结果

（3）单击"添加好友"按钮，打开如图 7-21 所示的"添加好友"对话框，对设置了身份验证的好友需要在"请输入验证信息"文本框中输入验证信息，单击"分组"下拉列表框选定"我的好友"项，单击"确定"按钮，如图 7-22 所示打开等待对方确认对话框。

图 7-21　"添加好友"对话框

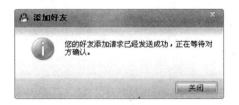

图 7-22　等待对方确认对话框

（4）等待对方确认的对话框中单击"关闭"按钮。

（5）等待片刻，若对方通过了验证并愿意与你结为好友，则任务栏右边的系统托盘中会出现闪烁的"消息盒子"图标，"消息盒子"是 QQ 的一个管理未读消息的小工具，单击此图标，打开如图 7-23 所示的接受请求对话框，再单击其中的"完成"按钮即可将该用户添加到"我的好友"列表中了。

图 7-23　接受请求对话框

（6）若不知道要添加为好友的用户的详细信息，可在"查找联系人/群/企业"对话框中单击选定"按条件查找"单选按钮，如图 7-24 所示，用户可根据具体情况设置一个或多个条件来查询，条件设置完毕后单击"查找"按钮。

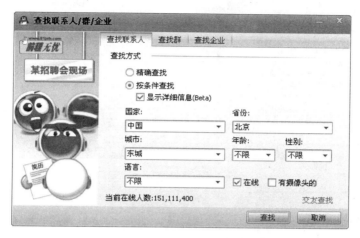

图 7-24　按条件查找联系人

（7）在查找结果列表中单击选定某一个用户，单击该用户名后的"加为好友"链接，会打开如图 7-21 所示的"添加好友"对话框，接下来的操作与步骤（3）、步骤（4）和步骤（5）相同，这里不再详述。

用户还可以将自己感兴趣的"群"作为信息交流的对象，"群"就是群体的意思，它是腾讯公司推出的多人交流的服务，QQ 允许用户由于某种原因组成各种不同的小群体，称为群，群中的用户可以就共同关心的问题进行讨论和发表文章，类似于论坛，QQ 还为群附加了更多的功能。群与好友的最主要区别是可以同时面对整个群中的所有人，而不像好友只是针对好友个人。校友录可以认为是一种特殊的专门针对同学或校友用户的群。下面介绍用户加入群的操作步骤。

（1）在 QQ 操作主界面中，单击"查找"按钮，打开"查找联系人/群/企业"对话框，单击选中"查找群"标签，若用户知道要加入群的 QQ 号码，则可以选定"精确查找"单选按钮，如图 7-25 所示，在"群号码"文本框中输入要加入的群号码，再单击"查找"按钮。

（2）打开如图 7-26 所示的对话框，该对话框中列出了符合条件的查找结果，单击"加入该群"按钮，打开如图 7-27 所示的"添加群"对话框，文本框中输入用户加入群的请求信息（告知群主你的来意），单击"发送"按钮，打开如图 7-28 所示的等候验证对话框。

（3）等候验证的对话框中单击"确定"按钮，等待片刻，若群主通过了验证并愿意用户加入该群，则任务栏右边的系统托盘中会出现闪烁的"消息盒子"图标，单击此图标，打开如图 7-29 所示的"群系统消息"对话框，再单击其中的"确定"按钮，用户即可加入到该群中了。

加入群成功后，QQ 主界面中单击"群/讨论组"标签，再单击"QQ 群"选项卡，即可看到用户所加入群的图标。

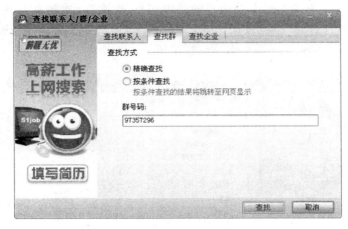

图 7-25　精确查找

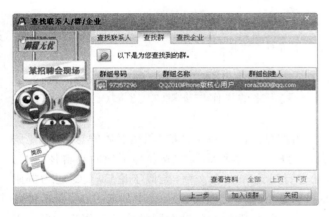

图 7-26　符合条件的查找结果

图 7-27　"添加群"对话框

图 7-28　等候验证对话框

图 7-29　"群系统消息"对话框

　　(4) 若不知道要加入群的详细信息,可在"查找联系人/群/企业"对话框中单击"查找群"标签,单击选定"按条件查找"单选按钮,如图 7-30 所示,用户可根据具体情况将"查找范围"和"查找关键字"结合使用设置条件来查询,条件设置完毕后单击"查找"按钮,打开搜索群网页,查找结果如图 7-31 所示。

　　(5) 在查找结果网页中找到用户感兴趣的群,单击其名称后面的"申请加入"超级链

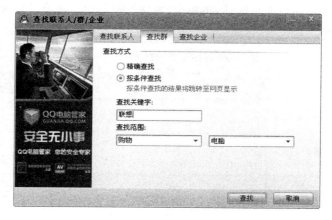

图 7-30　按条件查找

图 7-31　查找结果网页

接，如图 7-32 所示，打开"申请加入"对话框。

　　（6）"申请加入"对话框中依次输入验证信息和验证码，单击"确定"按钮，等待群主的同意，一旦收到群主的接受加入群信息后，用户即可加入到该群中了。

　　有了好友、也加入了群，用户就可以选择一个或几个好友开始聊天或者在某个群中发表高论了，下面介绍与 QQ 好友聊天的操作步骤。

　　（1）若想找某个好友聊天，只要在 QQ 操作主界面中双击该好友头像，即可打开一个与其聊天的窗口，如图 7-33 所示，在该窗口左下方的

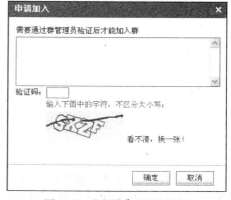

图 7-32　"申请加入"对话框

输入框中输入你准备向对方说的话,再单击"发送"按钮即可,所有的聊天记录都会出现在窗口左上方的窗格中。

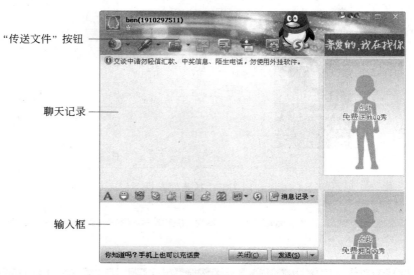

图 7-33　与好友聊天窗口

(2) 若想在某个群中与大家交流,QQ 主界面中单击"群/讨论组"标签,再单击"QQ群"选项卡,双击该群名称,即可打开一个群的聊天窗口,如图 7-34 所示,在该窗口左下方的输入框中输入你准备向群中成员说的话,再单击"发送"按钮即可。

图 7-34　群聊天窗口

(3) 当你正在与某个好友聊天时,可能又会有另外某个好友主动向你发送消息,则向你发送消息的好友头像会不断闪烁,同时系统托盘中会出现闪烁的"消息盒子"图标,此时用户只要双击闪烁头像,打开如图 7-33 所示的窗口即可与对方进行交流。

QQ 除了常规的聊天功能外,还为用户提供了文件传输以及和手机短信互联等服务功能。下面简要介绍使用以上服务功能的操作步骤。

(1) QQ 支持在聊天的过程中为对方传送文件,在图 7-33 所示的与好友聊天窗口中单击上方工具栏中的"传送文件"按钮,弹出"打开"对话框,对话框中选中要传送的文件,单击"打开"按钮即可将该文件传送给好友。

(2) 若接收文件的好友不在线上,完成步骤(1)后,如图 7-35 所示,聊天窗口的右上方会出现"发送离线文件"链接,用户可单击该链接,使用离线传文件的方法将文件传送给不在线的好友。所谓离线传文件就是用户可以先将文件发送至腾讯的服务器,好友下次登录 QQ 时会收到提醒并可以立即进行下载。

图 7-35 选择发送离线文件

(3) QQ 通过用户手机可以为用户提供很多无线操作功能,如使用手机号登录 QQ、当你不在线时好友可以通过 QQ 给你发短信联系,以及更多的移动 QQ 功能。为了实现QQ 提供的这些计算机与手机的跨平台功能,必须首先将用户手机与 QQ 绑定。

在 QQ 操作主界面中鼠标指向自己的头像,弹出的状态框下部会出现一个"手机绑定"按钮,单击此按钮,如图 7-36 所示,打开"无线 QQ 使用向导"页面。

(4) "无线 QQ 使用向导"页面中,单击"开始绑定"命令按钮,打开如图 7-37 所示的页面,文本框中依次输入绑定手机的号码及验证码,再单击"下一步"按钮,按提示继续操作即可完成手机与 QQ 的绑定。手机绑定 QQ 后,用户的 QQ 头像旁边就会出现一个银灰色手机图标。

4. 归纳分析

本小节较为详细地介绍了即时通信软件 QQ 的安装、号码申请、登录、和界面设置等操作,希望读者能够亲自实践以求真正掌握。另外 QQ 还有很多有用或有趣的功能我们在这里没有提到,感兴趣的读者可以再继续学习。

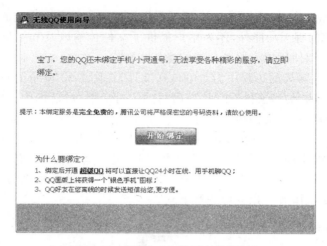

图 7-36　"无线 QQ 使用向导"页面

输入绑定手机的号码

输入验证码

图 7-37　输入手机号码及验证码

7.1.4　使用 MSN

1. 目标与任务分析

本任务的目标是介绍如何使用 MSN 与网上的朋友进行信息交流。

2. 操作思路

使用 MSN 进行即时信息交流同样必须要求用户的计算机上安装有 MSN 客户端软件,实际上 WindowsXP 安装时已经自动安装了 MSN,但版本较低。用户若想体验高版本 MSN 的强大功能,可以到各大软件下载网站下载其安装程序文件,本任务中下载得到了 MSN 较新版本的安装程序文件 Install_MSN_Messenger. exe。下面就以该版本为例,说明它的安装、设置以及主要使用方法。

另外,为了增强 MSN 的功能,出现了很多 MSN 插件软件,其中 Messenger Plus! 就是目前较为流行的一种,Messenger Plus! 安装后将和 MSN 整合在一起,为用户提供更多功能。也可以从各大软件下载网站下载该软件的安装程序文件,本任务中下载得到了Messenger Plus! 较新版本的安装程序文件 MsgPlus360. exe,以下操作中也将介绍它的安装方法和主要功能。

3. 操作步骤

首先介绍 MSN 及其插件 Messenger Plus! 的安装过程和启动操作。

(1) 在"我的电脑"或"Windows 资源管理器"中找到已下载得到的新版本 MSN 安装程序文件 Install_MSN_Messenger. exe,双击运行该程序文件,弹出如图 7-38 所示的安装向导对话框,按照安装向导的提示顺序执行安装操作,最后弹出图 7-39 所示的安装成功对话框,再单击"完成"按钮即可完成 MSN 的安装。

图 7-38 MSN 安装向导

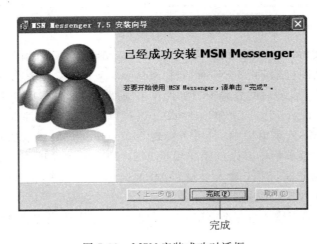

图 7-39 MSN 安装成功对话框

（2）在"我的电脑"或"Windows 资源管理器"中找到已下载得到的 Messenger Plus!安装程序文件 MsgPlus360.exe，双击运行该程序文件，弹出如图 7-40 所示的安装向导对话框，按照提示顺序执行安装操作，最后弹出图 7-41 所示的安装成功对话框，再单击"完成"按钮即可完成 Messenger Plus! 的安装。

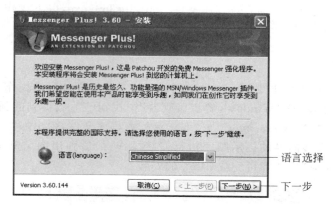

图 7-40   Messenger Plus! 安装向导

图 7-41   Messenger Plus! 安装成功对话框

（3）MSN 安装后自动设置为随 Windows 启动，同时在桌面上添加快捷方式图标，必要时也可以双击该图标启动 MSN，而插件 Messenger Plus! 是整合在 MSN 中自动随 MSN 启动的。MSN 启动后的登录窗口如图 7-42 所示，各部分作用如下：

- 插件 Messenger Plus! 菜单项 Plus!：该菜单项是安装插件 Messenger Plus! 以后整合到 MSN 菜单栏中的，用于实现 Messenger Plus! 添加到 MSN 中的新功能的操作。菜单栏中其余的菜单项是 MSN 原有的菜单项。
- 登录邮件地址框：用于输入登录到 MSN 时所用的电子邮件地址，该电子邮件地址需预先在 MSN 中注册。
- 登录密码：用于输入登录到 MSN 时所用密码，该密码当然也需要预先在 MSN 中注册。

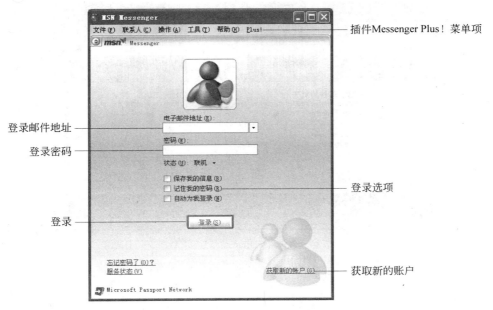

插件Messenger Plus！菜单项

登录邮件地址

登录密码

登录选项

登录

获取新的账户

图 7-42　MSN 登录窗口

- 登录选项：MSN 为用户提供的简化登录过程及加快登录速度的一些选项，一般均可设置为选定状态。
- 登录按钮：当 MSN 被设置为非自动登录状态时，输入登录电子邮件地址和密码后，单击此按钮即可登录到 MSN。
- 获取新的账户链接：若用户尚未在 MSN 中注册过账户和密码，单击此按钮即可进入 MSN 注册页面注册新的账户和密码。

　　MSN 与 QQ 不同，MSN 不需要申请号码，用户只需有一个电子邮件地址即可在 MSN 中注册账户。该电子邮件地址可以是用户以前就有的，只要在 MSN 中注册为 MSN 新账户即可。若用户以前没有电子邮件地址，可以在 MSN 中首先申请一个电子邮件地址，再将其注册为 MSN 新账户即可，实际上二者是可以同时完成的。下面介绍申请电子邮件地址并注册为 MSN 新账户的具体操作。

　　（1）在图 7-42 所示的 MSN 登录窗口中，单击"获取新的账户"链接，打开"账户申请"之一页面，如图 7-43 所示。

　　（2）在图 7-43 所示的"账户申请"之一页面中，选定单选项"否，注册免费的 MSN Hotmail 电子邮件地址"，再单击"继续"按钮，打开"账户申请"之二页面，如图 7-44 所示。

　　（3）在"账户申请"之二页面中，按页面提示输入申请电子邮件地址所需的信息，注意一定要将申请的电子邮件地址和密码记住，以后使用时就用它们登录 MSN。

　　（4）申请信息输入结束后，单击图 7-44 中的"接受"按钮，打开"MSN 申请注册成功"页面，如图 7-45 所示，再单击其中的"继续"按钮，完成注册过程，返回图 7-42 的 MSN 登录窗口。

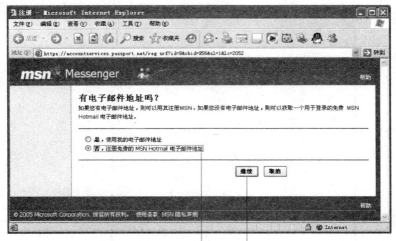

注册 - Microsoft Internet Explorer
msn Messenger
有电子邮件地址吗？
如果您有电子邮件地址，则可以用其注册MSN，如果您没有电子邮件地址，则可以获取一个用于登录的免费 MSN Hotmail 电子邮件地址。
是，使用我的电子邮件地址
否，注册免费的 MSN Hotmail 电子邮件地址
继续
取消
否，免费注册MSN Hotmail 电子邮件地址
继续

图 7-43　MSN 账户申请页面之一

电子邮件地址申请信息输入页面
Hotmail
创建电子邮件地址
创建密码
电子邮件地址申请信息输入页面
签署协议
接受
取消

图 7-44　MSN 账户申请页面之二

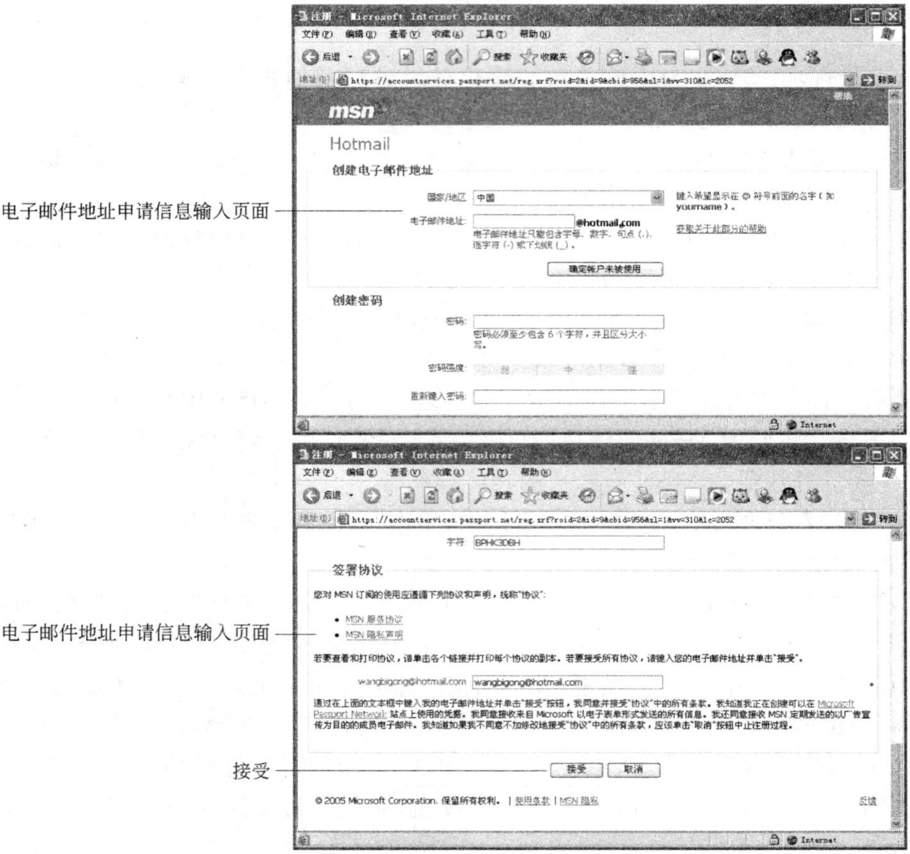

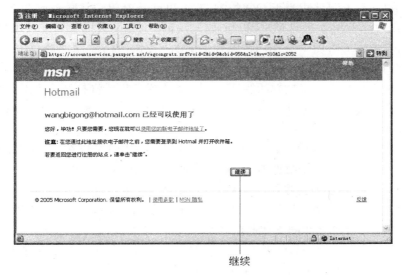

继续

图 7-45　MSN 申请注册成功页面

注册成功以后，就可以登录 MSN 了。下面介绍登录 MSN 以及与联系人对话的操作。

（1）若要登录到 MSN，只需在图 7-42 所示的 MSN 登录窗口中输入已注册成功的电子邮件地址和密码，再单击"登录"按钮即可。

若用户觉得每次登录 MSN 时都要输入电子邮件地址和密码比较烦琐，可以将 MSN 登录窗口中的三个"登录选项"复选框选定，这样 MSN 就会记住用户的登录信息，并随 Windows 的启动自动登录 MSN 了。

在 MSN 中登录成功以后，会打开 MSN 操作主界面，如图 7-46 所示。

菜单栏
登录者图片
联系人名单界面
选择按钮（默认）
添加联系人
界面选择栏
MSN页面链接

登录者昵称及个人信息
当前界面
联系人名单显示窗格
信息搜索

图 7-46　MSN 操作主界面

（2）所谓"联系人"，就相当于 QQ 的"好友"，也就是希望经常联系或在 MSN 上聊天的网上其他用户。首次登录到 MSN 以后，MSN 操作主界面会提示登录者添加联系人到"联系人名单"中。单击图 7-46 中的"添加联系人"按钮，打开"添加联系人"对话框，如图 7-47 所示，其中各项含义如下：

- 从通信簿名单中选择现有的联系人：选择此项，MSN 将打开系列对话框，帮助用户从自己收发电子邮件所用的通信簿中，将经常与自己通信的电子邮件地址添加为 MSN 联系人。
- 根据电子邮件地址创建新的联系人：选择此项，用户可以在 MSN 打开的对话框中输入某用户的电子邮件地址，将其添加为自己的 MSN 联系人。
- 根据移动电话号码创建新的联系人：选择此项，用户可以在 MSN 打开的对话框中输入某用户的手机号码，将其添加为自己的 MSN 联系人。此类联系人可以实现 MSN 与手机之间的移动通信联系。
- 在 MSN 成员列表中搜索联系人：MSN 拥有一个巨大的 MSN 注册用户数据库，称为 MSN 成员列表，其中包括了世界各地所有在 MSN 上注册的用户的信息。单击此链接按钮，可以打开该列表，在世界范围内选择 MSN 联系人。

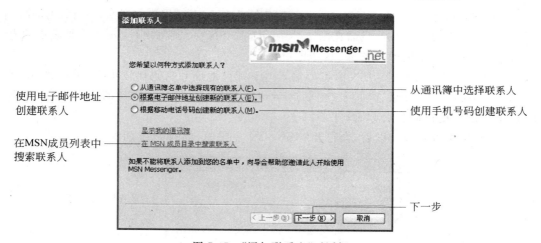

图 7-47 "添加联系人"对话框

（3）这里以"根据电子邮件地址创建新的联系人"为例，说明添加 MSN 联系人的方法。在图 7-47 所示的对话框中，选定单选项"根据电子邮件地址创建新的联系人"，单击"下一步"按钮，打开添加联系人系列对话框，如图 7-48 所示，按图示操作，最后单击"完成"按钮，即可将所输入的电子邮件地址对应的用户添加为自己的 MSN 联系人。

添加后的 MSN 联系人会显示在 MSN 主操作界面中，如图 7-49 所示，其中当前在线的 MSN 联系人显示在上方，当前不在线的 MSN 联系人显示在下方。

（4）若要与在线的某 MSN 联系人对话，可在图 7-49 所示的 MSN 联系人列表中，双击 MSN 某在线联系人图标，打开"对话"页面，如图 7-50 所示。

与该 MSN 联系人对话时，只需在"用户对话输入框"中输入对话内容，再单击"发送"按钮即可。

输入电子邮件地址

输入邀请邮件内容

完成

图 7-48　用电子邮件地址添加联系人

在线联系人

非在线联系人

图 7-49　MSN 联系人列表

　　若希望在与 MSN 联系人对话时,给对方发送带格式的文字、图释或动漫等,可以在图 7-50 的"输入格式工具栏"中通过对应的工具按钮来实现。

　　MSN 支持与联系人进行语音、视频方式的对话,支持与联系人进行实时的文件传送,还可以与联系人玩实时游戏等,这些功能都可以通过图 7-50 的"对话工具栏"或"对话菜

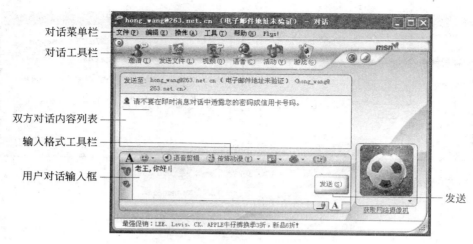

图 7-50　对话页面

单栏"来实现。

（5）当用户在线时，可能会有某个同样在线的 MSN 联系人向用户发出对话邀请，此时 MSN 操作主界面以及该 MSN 联系人在联系人列表中的对应项均会强烈闪烁，若接受邀请，只要在联系人列表的该联系人图标上双击，即可打开与之对话的页面，开始进行对话。

（6）用户可以对 MSN 做一些设置，使其更符合自己的操作习惯，在如图 7-46 所示的 MSN 主操作界面中，依次执行菜单栏上的"工具"→"选项"命令，打开"选项"对话框，如图 7-51 所示。

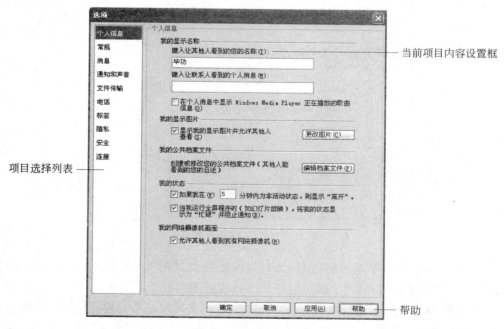

图 7-51　"选项"对话框

在该对话框左边的"项目选择列表"中单击选定准备修改的项目,如"个人设置",则右边立即显示出该项目下的详细内容,用户可以根据自己的实际情况对其中的相关内容进行重新设置或修改,若有疑问可以单击"帮助"按钮打开 MSN 的实时帮助查询。

(7) MSN 的插件软件 Messenger Plus! 安装以后,为 MSN 增加或增强了很多功能,并且随时以插件的形式不断继续升级。Messenger Plus! 增加到 MSN 中的声音功能就非常有用和有趣,它可以为不同的联系人设置不同的上下线声音,使用户不用看屏幕就知道每一个联系人的上下线情况;另外还可以在对话的过程中播放录制好的声音或背景音乐等。

安装 Messenger Plus! 以后,会在 MSN 的菜单栏中增加菜单项 Plus!,其中包括了 Messenger Plus! 提供的所有新功能,较重要或常用的两个命令是"配置向导"和"个人偏好设置",初学者可以借助"配置向导"来使用 Messenger Plus! 的新功能,较熟练的用户可以通过"个人偏好设置"把 Messenger Plus! 和 MSN 的功能发挥得淋漓尽致,具体操作可以通过仔细阅读屏幕提示来完成,这里不再详述,这两个命令执行时打开的对话框如图 7-52 和图 7-53 所示。

图 7-52　Messenger Plus! 附加到 MSN 中的菜单项 Plus!

4. 归纳分析

MSN 和 QQ 是目前最为流行的两款网上即时通信软件,它们有很多的功能相同或相似,这一特点能够令初学者在学习时事半功倍。但用户在深入使用它们的时候就应该体会到它们还是各有特点的。

从用户群上来看,目前 QQ 拥有数量庞大的国内用户,而 MSN 的用户更多的是国外的,特别是美国用户较多。在功能方面,目前也是 QQ 占有优势,而 MSN 也在通过升级

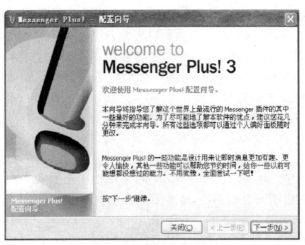

(a) Messenger Plus! 的配置向导

(b) Messenger Plus! 的个人偏好设置

图 7-53　Messenger Plus! 的新功能

和插件软件的补充,不断增强功能。而在与 Windows 的整合、界面效果、速度以及缺陷数量等方面,MSN 比 QQ 更有优势。

7.2　网上娱乐学习

Internet 的普及发展,为人们提供了越来越多的可利用资源,这些资源许多都是以音频或视频的形式出现的,因此需要用专用的播放器才能收听或收看网上的影音节目,借助播放器,可以在 Internet 中很流畅地听"音乐",看"电影"。虽然目前受带宽的限制,网上节目的收听、收看还不够理想,但由于网上多媒体传播具有传播范围广、费用低廉等特点,因此已经成为一种崭新的传播方式,各式各样的活动均可借助网上传播的渠道传遍全世界,如体育比赛实况、新闻现场报道、实时远程教学等。

目前,Internet 中的许多电子图书、小说、杂志以及网络资料等都是以 PDF 文件格式出现的。PDF(Portable Document Format)文件格式是 Adobe 公司开发的电子文件格式,这种文件格式与操作系统平台无关,这一特点使它成为在 Internet 上进行电子文档发行和数字化信息传播的理想文档格式。要想在 Internet 上看书学习,就需要专用的 PDF 文档浏览器,借助浏览器可以逼真地展现图书的原貌。

本节将要介绍两款在网络操作中常用的播放器 Windows Media Player 和 RealOne Player,以及专门用来阅读 PDF 文档的软件 Acrobat Reader。

7.2.1 使用播放器 Windows Media Player

1. 目标与任务分析

Windows Media Player 是由 Microsoft 公司开发的一个功能强大且易于使用的媒体播放工具,使用 Windows Media Player 可以播放、编辑和嵌入多种多媒体文件,包括视频、音频和动画文件。它不仅可以播放本地的多媒体文件,还可以播放来自 Internet 的流式媒体文件。本任务将详细介绍 Windows Media Player 的使用技巧。

2. 操作思路

由于 Windows Media Player 已集成到操作系统 Windows 中,因此用户无须专门下载安装该播放器。对于 Internet 中的媒体,用户既可以先下载到本地计算机然后再播放;也可以在下载的同时进行播放。本任务将以嵌入到 Windows XP 中的 Windows Media Player 8.0 为例,分别介绍该程序的功能、窗口布局、使用该播放器播放流式媒体及本地媒体的操作。所谓流式媒体,是指在流入计算机的同时进行播放的媒体内容;本地媒体是指必须下载到计算机中之后才能播放的媒体内容。

3. 操作步骤

首先介绍 Windows Media Player 程序窗口的布局。

(1) 依次执行任务栏上的"开始"→"所有程序"→"附件"→"娱乐"→"Windows Media Player"菜单命令,启动 Windows Media Player 程序,其程序窗口如图 7-54 所示。

从图 7-54 中可以看出,Windows Media Player 程序窗口由"功能任务栏区域"、"正在播放工具窗格"、"播放控制区域"、"播放列表选择区域"和"播放列表窗格"等几个区域组成。每个区域都显示特定的信息或包含用于执行某一操作的控制按钮。

(2) Windows Media Player 有两种播放模式,即完整模式和外观模式。其中,完整模式(如图 7-54 所示)是播放器的默认模式,在该模式下,用户可以应用 Windows Media Player 的所有功能。如果要切换为外观模式,可依次执行菜单栏上的"查看"→"外观模式"菜单命令,或单击"播放控件"区域右侧的"切换到外观模式"按钮。Windows Media Player 的外观模式如图 7-55 所示。

(3) 如果要从外观模式切换到完整模式,可单击播放器上的"切换到完整模式"按钮,或在播放器的任意位置右击,从弹出的快捷菜单中选取"切换到完整模式"命令。

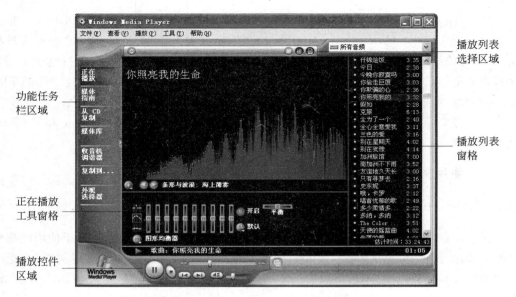

图 7-54　Windows Media Player 程序窗口

（4）Windows Media Player 的外观模式具有不同的外观。要应用不同的外观，首先需将 Windows Media Player 切换到图 7-54 所示的完整模式，单击"功能任务栏"区域上的"外观选择器"按钮，如图 7-56 所示，此时窗口左侧的窗格中会列出不同的外观方案，选定某个外观方案后，右侧窗格中会出现该方案的预览。此时将播放器切换到外观模式，即可将所选定的外观方案应用到播放器的外观模式中。

图 7-55　Windows Media Player
的外观模式

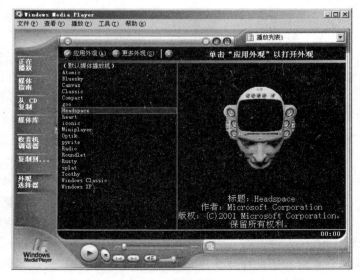

图 7-56　选择外观方案

下面介绍使用 Windows Media Player 播放器播放本地媒体的操作。

（1）依次执行菜单栏上的"文件"→"打开"菜单命令，弹出如图 7-57 所示的"打开"对话框，在该对话框中选定媒体文件的存放位置，选定要播放的媒体文件，如果要选定多个文件，可在选定第一个文件后，按住 Ctrl 键依次单击选定其他文件，然后单击"打开"命令按钮，即可播放选定的本地媒体文件。

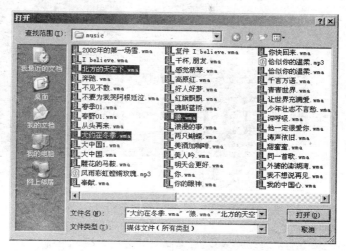

图 7-57　选定多个媒体文件

（2）如果播放的是音频文件，为了使播放器更生动，可打开"可视化"效果。可视化效果是指随着播放的音频节奏而变化的彩色光线和几何形状。当 Windows Media Player 处于完整模式时，可视化效果显示在"正在播放"功能中。当播放器处于外观模式时，只有在该外观支持时才会显示可视化效果。

要打开可视化效果，可依次执行菜单栏上的"查看"→"可视化效果"菜单，在弹出的下级菜单中选定要使用的可视化效果方案，如图 7-58 所示。

（3）打开可视化效果后，Windows Media Player 的程序窗口如图 7-59 所示，此时若要更改可视化效果，在可视化效果区中单击"下一个可视化效果"或"可视化效果"按钮，选定要用的效果，也可以依次执行菜单栏上的"查看"→"可视化效果"菜单，在弹出的下级菜单中选定要使用的可视化效果方案。

（4）播放音频文件时，用户可以根据需要调整音频的均衡设置及音频效果。依次执行菜单栏上的"查看"→"正在播放工具"→"图形均衡器"菜单命令，可在"正在播放工具"窗格中打开图形均衡器，如图 7-60 所示。Windows Media Player 内置了 10 波段的图形均衡器，上下拖动均衡器的滑块，可以自定义均衡器的设置。

依次执行菜单栏上的"查看"→"正在播放工具"→"SRS WOW 效果"菜单命令，"正在播放工具"窗格中打开"SRS WOW 效果"，如图 7-61 所示。SRS WOW 是一种音频增强技术，可添加重低音和动态范围，从而提高音频内容的质量。要增强低音效果，可向右拖动 TruBass 滑块；要增强立体声效果，可向右拖动"WOW 效果"滑块。

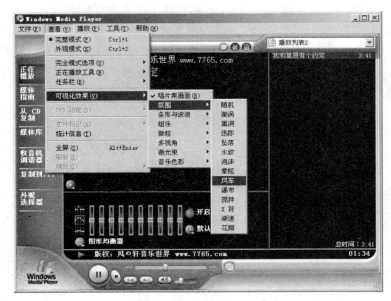

图 7-58　选定可视化效果

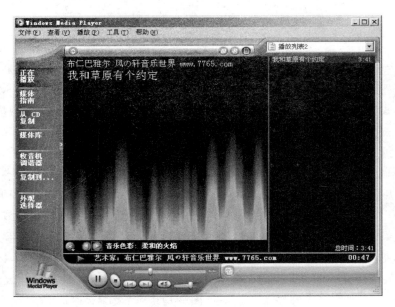

图 7-59　可视化效果

图 7-60　图形均衡器

图 7-61　SRS WOW 效果

（5）在播放歌曲的同时如果需要显示歌词，可单击"功能任务栏"区域的"媒体库"按钮，在"播放列表"窗格中右击要添加歌词的歌曲，从弹出的快捷菜单中选取"属性"命令，如图 7-62 所示。

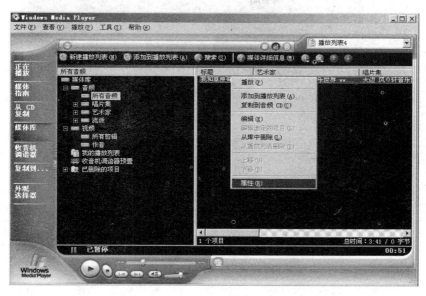

图 7-62　选取要添加歌词的歌曲

（6）在打开的"属性"对话框中单击"歌词"选项卡，在"歌词"列表框中输入歌词后，单击"确定"命令按钮，如图 7-63 所示。

图 7-63　录入歌词

（7）单击"正在播放工具"窗格左下角的"选择视图"按钮，从弹出的下拉菜单中选取"歌词"命令，或依次执行菜单栏上的"查看"→"正在播放工具"→"歌词"菜单命令，在播放歌曲的同时，"正在播放工具"窗格会出现该歌曲的歌词，如图 7-64 所示。

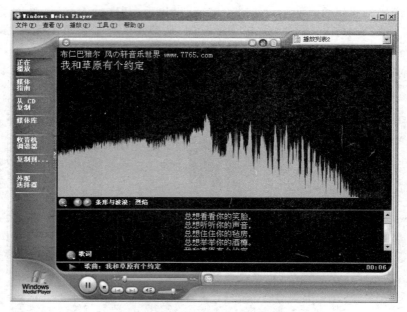

图 7-64　在播放的同时显示歌词

（8）在播放视频文件时，用户可以根据需要调整视频设置，以获得更好的视觉效果。依次执行菜单栏上的"查看"→"正在播放工具"→"视频设置"菜单命令，"正在播放工具"窗格中打开视频设置，如图 7-65 所示，拖动其上的滑块可以改变视频的亮度、对比度、色调和饱和度。

图 7-65　视频设置

（9）Windows Media Player 为用户提供了"媒体库"的功能，在"媒体库"中按唱片集、艺术家和流派等类别组织音频，按作者类别组织视频，便于用户搜索和组织媒体文件。若要将媒体文件添加到媒体库中，可依次执行菜单栏上的"文件"→"添加到媒体库中"菜单命令，如图 7-66 所示，选中"添加当前播放的曲目"下级菜单，则将当前正在播放的媒体文件添加到了媒体库中；选中"添加文件"下级菜单，弹出如图 7-67 所示的"打开"对话框，在该对话框中选定媒体文件（按住 Ctrl 键单击选定则可选择多个文件），单击"打开"命令按钮，即可将选定的文件添加到媒体库中。

（10）依次执行菜单栏上的"工具"→"搜索媒体文件"菜单命令，弹出"搜索媒体文件"对话框，如图 7-68 所示，在该对话框中指定搜索范围，单击"搜索"命令按钮，即可将指定范围内的所有媒体文件自动添加到媒体库中。

（11）Windows Media Player 为用户提供了播放列表的功能，用户可以将视频文件或音频文件任意组合在一起，放在一个播放列表中，并按指定的顺序播放。若创建播放列

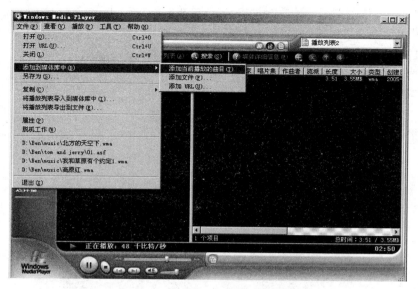

图 7-66   将媒体文件添加到媒体库中

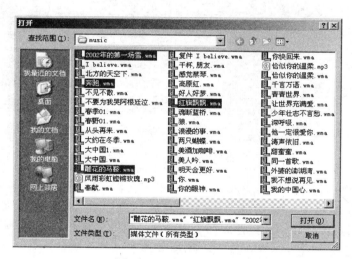

图 7-67   "打开"对话框

图 7-68   "搜索媒体文件"对话框

表,可单击"功能任务栏"区域的"媒体库"按钮,然后单击窗口左上部的"新建播放列表"按钮,弹出如图 7-69 所示的"新建播放列表"对话框,在"输入新建播放列表名称"文本框中输入新建播放列表的名称,本任务中创建一个名为"民歌"的播放列表,单击"确定"命令按钮。

（12）创建播放列表后，就可以将媒体文件添加到播放列表中了。单击"功能任务栏"区域的"媒体库"按钮，在窗口的右窗格中选定媒体文件（按住 Ctrl 键单击选定则可选择多个文件），单击左窗格上部的"添加到播放列表"按钮，在下拉菜单中选取"民歌"，如图 7-70 所示，即可将选定的媒体文件添加到步骤（11）所创建的"民歌"播放列表中去。

图 7-69 "新建播放列表"对话框

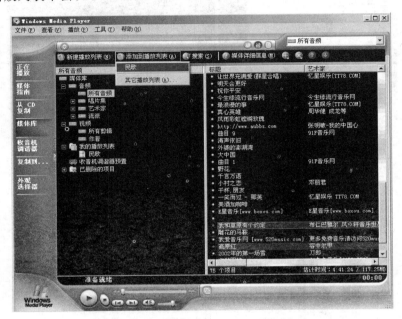

图 7-70 将选定媒体文件添加到播放列表

（13）如果要播放已添加到播放列表中的媒体文件，可单击"功能任务栏"区域的"媒体库"按钮，在左窗格中选定播放列表，单击"播放控件"区域的"播放"按钮，Windows Media Player 即可按顺序播放该播放列表中的所有媒体文件。

下面介绍使用 Windows Media Player 播放器播放流式媒体的操作。若要播放网上的媒体，首先需要在网上查找媒体内容，可以借助 Windows Media Player 提供的"媒体指南"和"收音机调谐器"进行网上媒体的查找并进行播放；此外还可以启动 IE，单击相关页面上的播放超链接进行播放。

（1）在 Windows Media Player 窗口中，单击"功能任务栏"区域的"媒体指南"按钮，如图 7-71 所示，此时窗口中将显示 WindowsMedia.com Web 页的内容，这些内容是从其他各个站点收集来的，为用户提供音乐、广播、电影和娱乐等服务。要播放某媒体文件，单击该文件的播放超链接即可。

（2）Windows Media Player 窗口中，单击"功能任务栏"区域的"收音机调谐器"按钮，如图 7-72 所示，左窗格中列出了"特色电台"、"我的电台"和"最近播放的电台"三个栏目，"特色电台"是 Windows Media Player 为用户收集的一些电台，如 BBC、美国公告牌等知

图 7-71 显示 WindowsMedia.com Web 页

名电台;"我的电台"栏中,是用户平时搜集的一些电台,类似于浏览器中的收藏夹;而"最近播放的电台"则类似于浏览器中的历史记录。在窗口右侧,通过单击"查找更多电台"超链接,可以根据自己的爱好来选择自己喜欢的音乐风格。

图 7-72 启动收音机调谐器

(3) 若要收听"特色电台"栏目中某电台的节目,可单击相应的电台名称,如单击 BBN

Chinese,此时便可以看到该电台的详细选项,如图7-73所示,单击"添加到'我的电台'"

超链接,便可以将此电台添加到"我的电台"里,这样以后再收听此电台时便可直接找到;单击"访问 Web 站点"超链接,即可访问此电台的网站;单击"播放"超链接,便可直接在线收听该电台节目。

图 7-73　电台的详细选项

(4)在图7-72中,如果左窗格没有自己满意的电台,可单击右窗格中的"查找更多电台"超链接,在右窗格将显示搜索到的电台,如图7-74所示,单击相应的电台名称,可以看到此电台的详细选项,如图7-73所示,用户可以根据自己的目的按照步骤(3)的方法选取相应的选项进行操作。

图 7-74　电台搜索结果

(5)要播放网上的媒体,用户还可以启动 IE,单击相关页面上的播放超链接进行播放,如果在 IE 地址栏中输入 URL:http://www.cctv.cm 进入中央电视台的主页,在其体育频道中单击"杜威 告别上海"的播放链接,如图7-75所示,Windows Media Player 就会启动并从中央电视台的网站上下载数据,经过暂短的数据缓冲后,即可播放该媒体。

(6)所有流式媒体文件在播放前都要经过缓冲处理。缓冲处理是指在实际播放前将一定量的信息发送到计算机中的过程,当网络拥塞造成数据流中断时,播放机就可以利用缓冲区中的信息弥补这些间隔,在网络异常拥挤的情况下观看、收听一些网络流媒体时,就会出现断断续续的现象,这是因为缓冲区已空并且未接收到新的信息。我们可以适当增加缓冲的时间来解决这个问题。

图 7-75　单击 Web 上的播放链接

依次执行菜单栏上的"工具"→"选项"菜单命令,弹出"选项"对话框,如图 7-76 所示,在"性能"选项卡下,选定"缓冲时间"单选按钮,在文本框中输入指定的缓冲时间(根据不同的情况适当地增加缓冲时间),单击"确定"命令按钮。

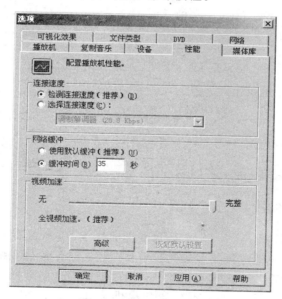

图 7-76　设置缓冲时间

4. 归纳分析

Windows Media Player 是由 Microsoft 公司开发的一个功能强大且易于使用的媒体播放工具。本任务详细介绍了 Windows Media Player 的使用技巧,对于该播放器的使用需要强调以下几点：

- Windows Media Player 既可以播放本地媒体内容也可以播放流式媒体内容，两种播放方式各有优缺点。流式媒体不会占用计算机的空间，但是必须要连接到 Internet 上才能播放它，文件完成播放后，它也不会存储在计算机上；用户不用连接到 Internet 就可以播放本地媒体，但是它会占用大量的计算机存储空间。
- 播放本地媒体文件时，可以使用 Windows Media Player 提供的媒体库和播放列表功能，以提高播放的效率。
- 在播放流式媒体文件时，为了让播放过程更流畅一些，可以适当增加缓冲的时间。
- Windows Media Player 支持 Windows 平台下的多种音频、视频文件，其支持的媒体格式如表 7-1 所示。

表 7-1 **Windows Media Player 支持的媒体格式**

文 件 类 型	文件扩展名
CD 音频	. cda
Intel Indeo 视频技术	. ivf
音频交换文件格式（AIFF）	. aif、. aifc 和 . aiff
Windows 媒体音频和视频文件	. asf、. asx、. wax、. wm、. wma、. wmd、. wmv、. wvx、. wmp、. wmx
Windows 音频和视频文件	. avi 和 . wav
Windows Media Player 外观	. wmz 和 . wms
运动图像专家组（MPEG）	. mpeg、. mpg、. m1v、. mp2、. mpa、. mpe、. mp2v ＊ 和 . mpv2
乐器数字接口（MIDI）	. mid、. midi、和 . rmi
AU（UNIX）	. au 和 . snd
MP3	. mp3 和 . m3u
DVD 视频	. vob

7.2.2 使用播放器 RealOne Player

1. 目标与任务分析

RealOne Player 是 RealNetwork 公司推出的基于 Internet 的全新流媒体播放工具，它是一个在 Internet 上通过流技术实现音频和视频实时传输的在线收听工具软件，使用它可以不必下载音频和视频内容，只要线路允许，就能完全实现网络在线播放。RealOne Player 是一个全新设计的播放平台，它不但提供了以前 RealPlayer 提供的多媒体文件、流式媒体文件播放功能，而且可以支持 Windows 平台下的多种音频、视频文件。

本任务将详细介绍 RealOne Player 的安装及使用方法。

2. 操作思路

首先介绍 RealOne Player 的下载及安装操作，然后分别介绍使用该播放器播放本地媒体文件和流式媒体(收听、收看网上节目)的操作技巧。

3. 操作步骤

首先介绍 RealOne Player 简体中文版的下载及安装操作。

(1) 用户可以到 RealNetwork 公司的网站(http://www.realnetwork.com)去下载 RealOne Player。其他许多网站也都提供了下载链接,用户也可以到相关网页上去下载该播放器。本任务中,到"华军软件园"的下载网页(http://hj.onlinedown.net/soft/7872.htm)下载 RealOne Player 简体中文版,其安装程序文件为 RealOne PlayerV2GOLD_cn.exe,将该安装程序文件保存到本地硬盘中(下载过程从略)。

(2) 在"我的电脑"或"Windows 资源管理器中"双击安装程序文件 RealOne Player V2GOLD_cn.exe,弹出如图 7-77 所示的"正在准备安装 RealOne Player"对话框。

图 7-77 "正在准备安装 RealOne Player" 对话框

(3) 在图 7-78 所示的"RealOne 安装向导"对话框中,单击"下一步"命令按钮,弹出"许可协议"对话框,如图 7-79 所示,单击"接受"命令按钮,弹出"Internet 连接"对话框,如图 7-80 所示。

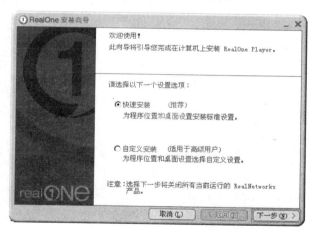

图 7-78 "RealOne 安装向导"之一

(4) 在"Internet 连接"对话框中,用户可根据实际情况选择连接 Internet 的方式,然后单击"下一步"命令按钮,弹出"安装中"对话框,如图 7-81 所示。

(5) 当"安装中"对话框中的进度条达到 100% 后,系统自动弹出"默认媒体播放器"对话框,如图 7-82 所示,用户可根据自己的需要,设置将 RealOne Player 作为默认播放器的媒体类型,单击"完成"命令按钮,完成 RealOne Player 简体中文版的安装。

(6) 完成安装操作后,会弹出如图 7-83 所示的要求注册的对话框,如果用户只是使用 RealOne Player 提供的基本服务功能,则无须注册,单击"取消"命令按钮即可。

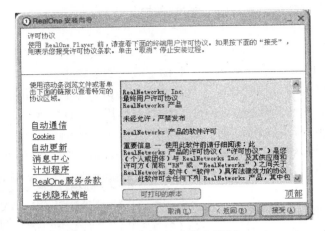

图 7-79 "RealOne 安装向导"之二

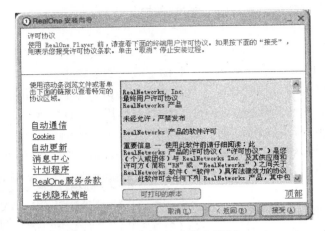

图 7-80 "RealOne 安装向导"之三

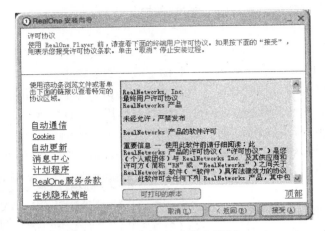

图 7-81 "RealOne 安装向导"之四

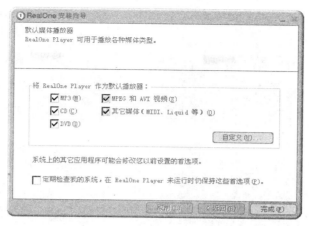

图 7-82 "RealOne 安装向导"之五

图 7-83 RealOne Player 注册对话框

此时,系统自动启动 RealOne Player 程序,其程序窗口如图 7-84 所示,窗口主要由"菜单栏"、"状态显示栏"、"播放器控制栏"、"演示区域"、"导航栏"、"媒体浏览器"及"任务栏"等元素构成。

窗口各构成元素的作用如下:

- 菜单栏:位于窗口的顶部,包括了"文件"、"编辑"、"视图"、"播放"、"收藏夹"、"工具"和"帮助"菜单,利用这些菜单可以充分使用 RealOne Player 的各项功能。
- 状态显示栏:位于"菜单栏"的下方,主要用来显示当前的一些有用信息,如剪辑状态、格式以及 Internet 连接的相关信息。
- 演示区域:位于"状态显示栏"与"播放器控制栏"之间,用于显示视频、视觉外观等信息。

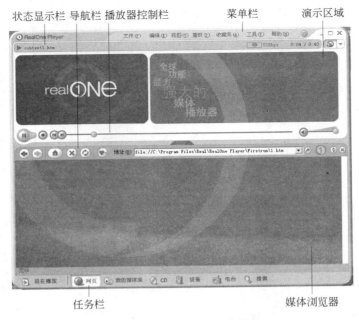

状态显示栏 导航栏 播放器控制栏　　　菜单栏　　　演示区域

任务栏　　　　　　　　　　媒体浏览器

图 7-84　RealOne Player 程序窗口

- 播放器控制栏：用于控制媒体的播放，包括"播放"、"暂停"、"停止"、"快进"和"快退"按钮，以及音量滑块、静音开关等。
- 导航栏：位于"播放器控制栏"的下方，用于控制媒体浏览器，由媒体浏览器控制按钮和地址栏构成，在任务栏上选择不同的页面（如"网页"、"我的媒体库"、"CD"等）时，导航栏也会随之改变，因为每个页面都有不同的导航要求，所以地址栏的作用与浏览器 IE 的地址栏类似，只不过它是用来输入和显示待播放媒体文件的URL 的。
- 媒体浏览器：位于"导航栏"的下方，用来显示选定页面的内容。
- 任务栏：位于窗口的最下方，由"现在播放"、"网页"、"我的媒体库"、"CD"、"设备"、"电台"和"搜索"等按钮组成，单击这些按钮，可以启动媒体浏览器的不同功能。

（7）RealOne Player 为用户提供了 3 种显示模式，即正常模式、工具栏模式和影院模式，用户可以根据自己的喜好单击菜单栏上的"视图"菜单，在下拉菜单中选取不同的命令，将 RealOne Player 程序窗口设置成不同的形式；此外，单击状态显示栏右侧的"显示/隐藏媒体浏览器"按钮，可将媒体浏览器在显示和隐藏状态之间切换。

下面介绍使用 RealOne Player 播放器播放本地媒体文件和收听、收看网上节目的操作。

（1）启动 RealOne Player 程序，依次执行菜单栏上的"文件"→"打开"菜单命令，弹出如图 7-85 所示的"打开"对话框，在"打开"下拉列表框中输入要播放的媒体文件的路径，

图 7-85　"打开"对话框

或单击"浏览"命令按钮,弹出"打开文件"对话框,如图7-86所示。

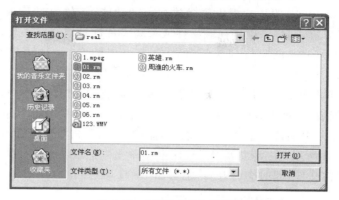

图 7-86 "打开文件"对话框

（2）在"打开文件"对话框中，选定要打开的媒体文件，单击"打开"命令按钮，单击播放器控制栏上的"播放"按钮，即可播放选定的本地媒体文件。

注意：要想同时打开多个不相邻的文件，可按住 Ctrl 键，然后依次单击选定各个文件，如果要选择多个相邻的文件，可先单击第一个文件，然后按住 Shift 键，再单击最后一个文件。

（3）如果播放的是视频文件，用户可打开菜单栏上的"视图"菜单，在下级菜单中选择"原始大小"、"双倍大小"和"全屏影院"等菜单命令，以控制视频屏幕的大小。

（4）如果播放的是音频文件，为了使播放器具有动感效果，用户可依次执行菜单栏上的"视图"→"选择视觉外观"命令，在下级菜单中选择一种视觉外观方案。图7-87所示即为添加了视觉外观效果后的程序窗口。

图 7-87 添加视觉外观效果后的程序窗口

需要注意的是，如果播放视频文件时打开了视觉外观，则演示区域中只显示所选择的视觉外观方案,用户无法看到视频。

(5) RealOne Player 为用户提供了播放列表的功能,播放列表是 RealOne Player 按顺序播放的一组剪辑,用户可以将视频文件或音频文件任意组合在一起,放在一个播放列表中,RealOne Player 将把播放列表等效为一个虚拟的专辑,按顺序整体播放其中的剪辑。

依次执行菜单栏上的"文件"→"新建"→"新建播放列表"菜单命令,如图 7-88 所示,弹出"新建播放列表"对话框,在"您希望如何命名播放列表"文本框中输入要创建的播放列表的名称,本任务中创建一个名为"民乐"的播放列表,单击"确定"命令按钮。

(6) 如图 7-89 所示,在"添加剪辑"对话框中单击"是"命令按钮,为所创建的"民乐"播放列表添加媒体文件,此时会打开"添加剪辑"窗口,如图 7-90 所示。

图 7-88 "新建播放列表"对话框

图 7-89 "添加剪辑"对话框

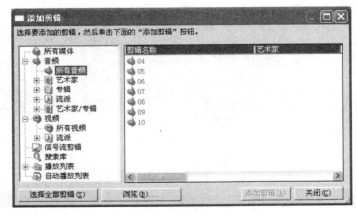

图 7-90 "添加剪辑"窗口

(7) 在"添加剪辑"窗口中,单击"浏览"命令按钮,弹出"导入文件及播放列表"对话框,如图 7-91 所示,依次选定将要导入到"民乐"播放列表中的文件,单击"打开"命令按钮,完成创建播放列表的操作。

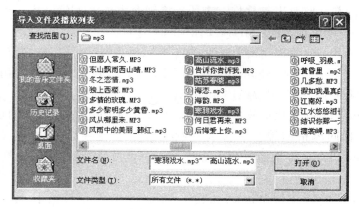

图 7-91 "导入文件及播放列表"对话框

（8）若要播放所创建的"民乐"播放列表，可单击 RealOne Player 程序窗口任务栏上的"我的媒体库"按钮，打开"我的媒体库"页面，如图 7-92 所示，单击导航栏上的"播放列表"按钮，从下拉菜单中选定"民乐"，单击播放器控制栏上的"播放"按钮，RealOne Player 将按顺序播放该播放列表中的所有媒体文件。

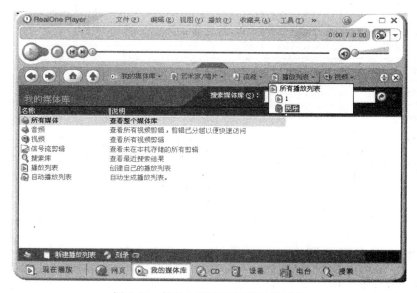

图 7-92 播放创建的"民乐"播放列表

（9）RealOne Player 除了可以播放本地的媒体文件之外，还可以播放流式媒体（收听或收看网上节目），其操作过程与 Windows Media Player 基本相同，只需在网页上单击播放链接即可，在此不再详述。

4. 归纳分析

RealOne Player 是常用的媒体播放器，是一个在 Internet 上通过流技术实现音频和视频实时传输的在线收听工具软件。本任务详细介绍了 RealOne Player 的安装及使用技巧,对于 RealOne Player 的使用,需要强调以下几点:

- RealOne Player 可以在网上收听、收看自己感兴趣的广播、电视节目,与传统的下载播放不同,由于 RealOne Player 采用了流式编码模式,因此使用它可以不必下载音频和视频内容,只要线路允许,就能完全实现网络在线播放。
- RealOne Player 可以播放本地媒体文件,同时提供了播放列表的功能,用户可以将具有相同风格的视频文件或音频文件组合在一起,放在一个播放列表中,RealOne Player 将把播放列表等效为一个虚拟的专辑,按顺序整体播放其中的剪辑。
- RealOne Player 支持 Windows 平台下的多种音频、视频文件,其支持的媒体格式如表 7-2 所示。

表 7-2　RealOne Player 支持的媒体格式

文 件 类 型	扩 展 名	文 件 类 型	扩 展 名
A2B	. mes	MPEG 文件	. mp3,. mpeg,. mpa, . mp2,. mpv,. mx3
活动信号流格式	. asf	MPEG 播放列表文件	. pls
音频文件	. au	Macromedia Flash	. swf
Blue Matter 文件	. bmo,. bmr,. bmt	QuickTime 文件	. avi,. aiff
GIF 文件格式	. gif	RAM 元文件	. ram,. rmm
IBM EMMS 文件	. emm	RealAudio,RealMedia	. ra,. rm,. rmx, . rmj,. rms
Liquid Audio	. lqt		
MJuice 文件	. mjf	RealOne 音乐	. mnd
MP3 播放列表文件	. m3u,. pls,. xpl	RealPix	. rp
WAVE	. wav	RealText	. rt
Windows Media Audio	. wma		

7.2.3　电子图书阅览器——Acrobat Reader 的使用

1. 目标与任务分析

Acrobat Reader 是 Adobe 公司开发的专用于阅览 PDF 文档的软件。PDF 文档(Portable Document Format,可移植文档)是 Adobe 公司开发的电子文档格式,它的页面非常美观,可以用来保留字体和图像,还可以在文档中加入多媒体信息。正是由于 PDF 文档具有以上特点,目前 Internet 上的许多电子图书、小说、杂志和资料都是以 PDF 格式保存的。

本任务中将以 Acrobat Reader 7.0 为例,详细介绍该软件的安装及使用方法。

2. 操作思路

首先介绍 Acrobat Reader 7.0 的下载及安装操作,然后介绍使用该软件阅览 PDF 文档的操作技巧。

3. 目标与任务分析

首先介绍 Acrobat Reader 7.0 简体中文版的下载及安装操作。

(1) 可以到 Adobe 公司的网站(http://www.chinese-s.adobe.com/)下载 Acrobat Reader,其他许多网站也都提供了下载链接,用户可以到相关网页上去下载该软件。如图 7-93 所示,在 Adobe 公司的下载网页中单击下载链接,下载 Acrobat Reader 7.0 简体中文版,其安装程序文件为 AdbeRdr70_chs_full.exe,将该安装程序文件保存到本地硬盘中(下载过程从略)。

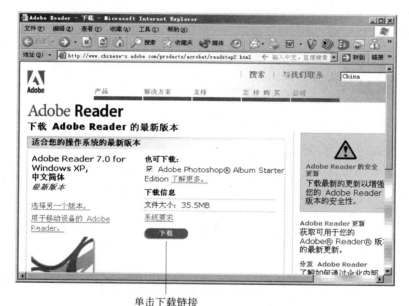

单击下载链接

图 7-93　Adobe 公司的网站中下载 Acrobat Reader

(2) 在"我的电脑"或"Windows 资源管理器中"双击安装程序文件 AdbeRdr70_chs_full.exe,如图 7-94 所示,此时系统会进行解压缩处理,当提示框中的进度条达到 100% 后,弹出 Acrobat Reader 安装向导,如图 7-95 所示。

(3) 在图 7-95 所示的安装向导对话框中,单击"下一步"命令按钮,弹出"目的地文件夹"对话框,如图 7-96 所示,Acrobat Reader 默认安装路径为 C:\Program Files\

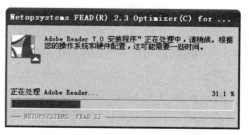

图 7-94　解压缩处理过程

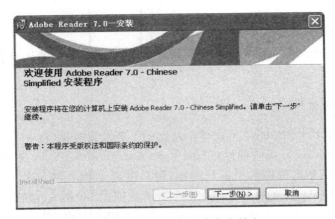

图 7-95　Acrobat Reader 安装向导之一

Adobe\Acrobat 7.0,如果要更改安装路径,可单击"更改目标文件夹"按钮,选取新的安装路径;如果接受默认安装路径,则直接单击"下一步"命令按钮。

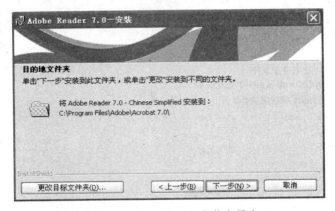

图 7-96　Acrobat Reader 安装向导之二

　　(4) 如图 7-97 所示,在"已做好安装程序的准备"对话框中,单击"安装"命令按钮,弹出"正在安装 Acrobat Reader 7.0-Chinese Simplified"对话框,如图 7-98 所示,对话框中显示正在安装的进度及剩余的时间。

　　(5) 在图 7-98 所示对话框中的进度条到达 100% 后,弹出"安装完成"对话框,如图 7-99所示,单击"完成"命令按钮,完成 Acrobat Reader 的安装操作。

　　(6) 安装完成后,双击桌面上的 Adobe Reader 7.0 快捷方式图标,就可以启动该程序,第一次启动 Acrobat Reader 时会弹出"许可协议"对话框,如图 7-100 所示,单击"接受"命令按钮,即可打开 Adobe Reader 程序窗口,如图 7-101 所示。

　　下面介绍使用 Acrobat Reader 阅读 PDF 文档的操作。

　　(1) 若要打开 PDF 文档,可依次执行菜单栏上的"文件"→"打开"菜单命令,或单击工具栏上的"打开"按钮,弹出"打开"对话框。

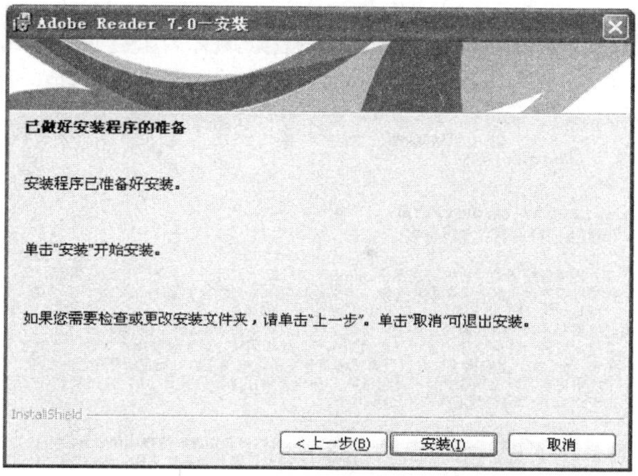

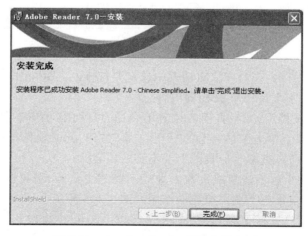

图 7-97　Acrobat Reader 安装向导之三

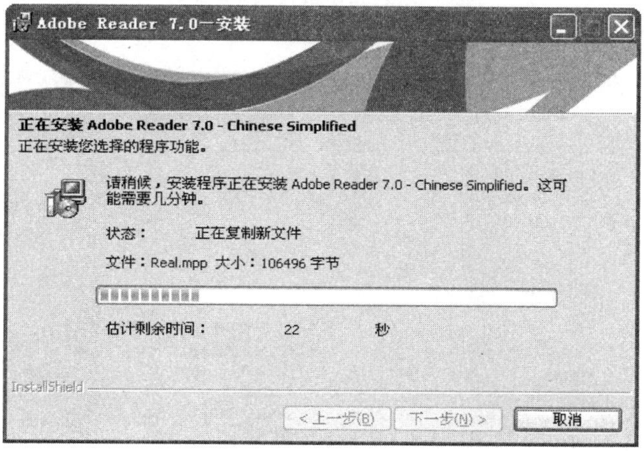

图 7-98　Acrobat Reader 安装向导之四

图 7-99　Acrobat Reader 安装向导之五

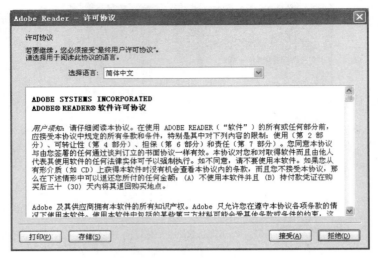

图 7-100　"许可协议"对话框

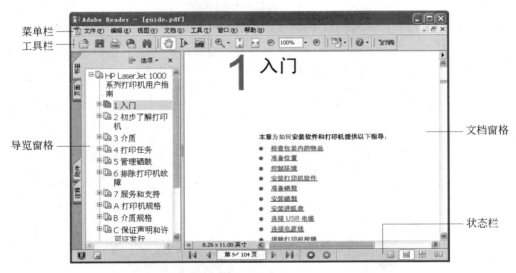

图 7-101　Acrobat Reader 程序窗口

（2）如图 7-102 所示，在"打开"对话框中选定要打开的 PDF 文档，单击"打开"命令按钮，此时文档窗格中将显示 PDF 文档的内容。

（3）打开 PDF 文档后，如果页面的位置不合适，可使用"手形工具"来移动页面以便查看页面的所有区域。单击工具栏上的"手形工具"按钮，此时鼠标指针会变为手形，按住鼠标左键拖动页面，即可查阅当前页面上看不到的内容。

（4）如果页面太小看不清楚或页面太大而不能完全显示，可单击工具栏上的相关按钮调整页面的大小，工具栏上相关按钮的作用如图 7-103 所示。

（5）为了便于用户进行 PDF 文档演示，Acrobat Reader 提供了全屏视图，依次执行菜单栏上的"视图"→"全屏"菜单命令，或单击状态上的"全屏视图"按钮，即可将 Acrobat

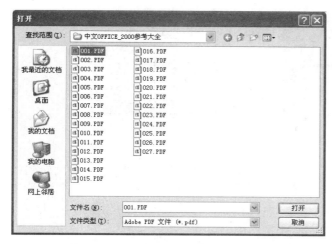

图 7-102 "打开"对话框

图 7-103 工具栏上调整页面大小的按钮

Reader 切换到全屏视图。如图 7-104 所示,在全屏视图下,页面布满整个屏幕,菜单栏、命令栏、工具栏、状态栏和窗口控件被隐藏了起来。

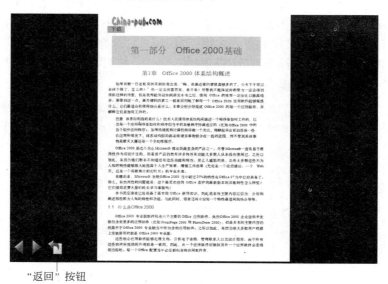

"返回"按钮

图 7-104 全屏视图

在全屏视图下,单击导航栏上的"返回"按钮,即可退出全屏视图。

(6) Acrobat Reader 提供了 4 种页面布局,即"单页"、"连续"、"连续-对开"和"对开"。用户在阅读 PDF 文档时,单击"状态栏"中的"单页"按钮、"连续"按钮、"连续-对开"按钮或"对开"按钮,可将其切换到不同的页面布局。图 7-105 展示了 4 种页面布局的区别,从左至右依次为"单页"、"连续"、"连续-对开"和"对开"页面布局。

(7) 如果文档包含多页,在阅读过程中需要翻页和跳页,可采用窗口底部状态栏中"导览控件"提供的快速导览文档的方式。"导览控件"中各个按钮的含义如图 7-106 所

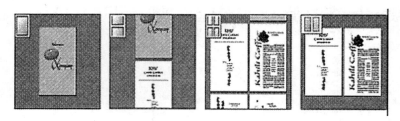

图 7-105   4 种页面布局

示，单击相应的按钮即可实现翻页和跳页。此外，在"当前页"框中单击，输入要跳转到的页数，按 Enter 键后即可直接跳转到指定的页面。

（8）阅读 PDF 文档时，可以借助"书签"进行导览，以实现快速翻页和跳页。"书签"显示在"导览"窗格中，它提供了文档的目录，通常表示文档中的章节。

图 7-106   导览控件

单击"导览"窗格左边的"书签"标签，或依次执行菜单栏上的"视图"→"导览标签"→"书签"菜单命令，如图 7-107 所示，"导览"窗格将出现文档的书签，单击书签旁的加号（＋）可展开它，单击书签旁的减号（－）可隐藏它的子书签。单击书签即可跳转到相应的主题页面上。如果单击书签后"导览"窗格消失了，则表明文档的作者启用了"使用后消失"命令，此时可再次单击"书签"标签以显示书签列表，或单击"书签"面板顶部的"选项"按钮，在下拉菜单中取消"使用后隐藏"的选定，以保证在单击书签之后列表总是保持打开。

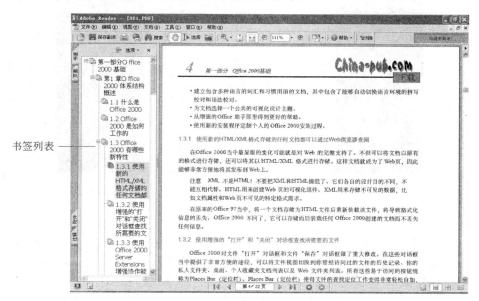

图 7-107   显示书签

（9）阅读 PDF 文档时，还可以借助"页面缩略图"进行导览，以实现快速翻页和跳页。"页面缩略图"也显示在"导览"窗格中，它提供了文档页面的微型预览。

单击"导览"窗格左边的"页面"标签,或依次执行菜单栏上的"视图"→"导览标签"→"页面"菜单命令,"导览"窗格将出现文档的页面缩略图,如图 7-108 所示。要跳转至其他页面,只需单击该页面的缩略图即可。

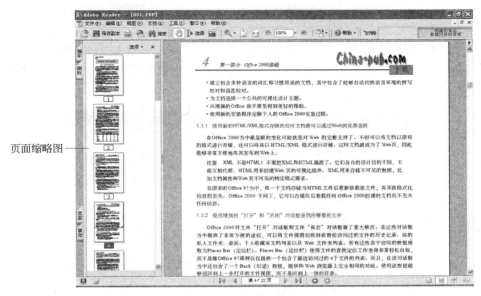

图 7-108　显示页面缩略图

（10）在全屏视图下进行 PDF 文档演示时,可以将 Acrobat Reader 设置为每隔一段时间自动翻页,依次执行菜单栏上的"编辑"→"首选项"菜单命令,弹出"首选项"对话框,如图 7-109 所示,在"种类"列表框中选定"全屏"选项,选定"向前,每隔"复选框,并设定自动翻页的时间间隔,单击"确定"命令按钮。

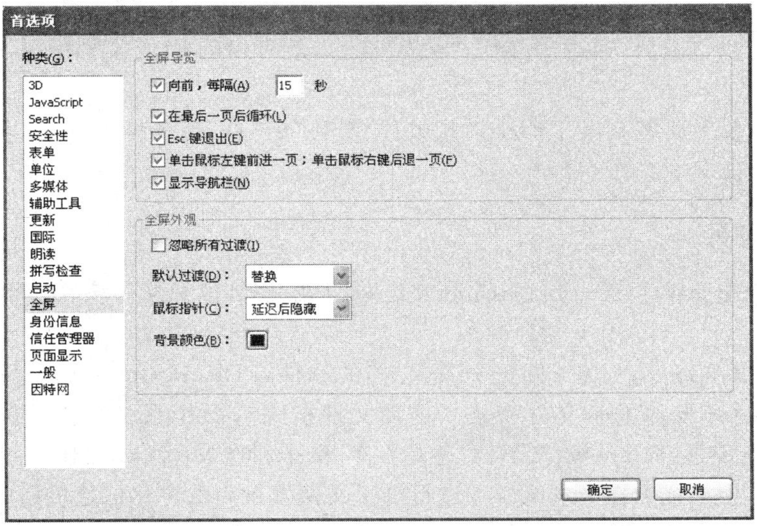

图 7-109　设定自动翻页的时间间隔

（11）若要在 PDF 文档中选定文本或图像等内容，可单击工具栏上的"选择工具"按钮，此时鼠标指针会由手形变为 I 字形，拖动鼠标左键，即可选定文本；将鼠标指针移动到图像上，当指针变为十字形时，单击即可选定图像。

以上过程中，用户也可以将 Acrobat Reader 设置为"手形工具"自动实现"选择工具"的功能，依次执行菜单栏上的"编辑"→"首选项"菜单命令，弹出"首选项"对话框，如图 7-110 所示，在"种类"列表框中选定"一般"选项，选定"启用手形工具选择文本"复选框，单击"确定"命令按钮。通过以上设置，当"手形工具"置于文本或图像等内容之上时，它会自动实现"选择工具"的功能。

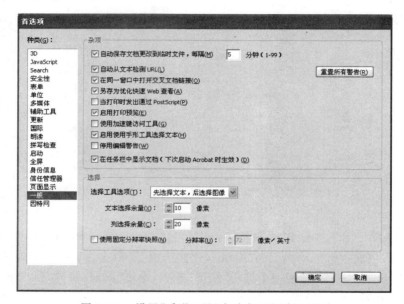

图 7-110　设置"手形工具"自动实现"选择工具"

完成选定操作之后，通过"复制"、"粘贴"命令，就可以从 PDF 文档中复制文本或图像等内容。

注意：如果完成选定操作之后，"剪切"、"复制"和"粘贴"命令不可用，表明文档的作者已设置了禁止复制的限制。

4．归纳分析

本任务详细介绍了 Acrobat Reader 7.0 的下载、安装以及使用该软件阅览 PDF 文档的操作。

Acrobat Reader 是专用于阅览 PDF 文档的软件，PDF（Portable Document Format）是 Adobe 公司开发的电子文件格式。这种文件格式与操作系统平台无关，也就是说，PDF 文件无论是在 Windows、UNIX 还是在苹果公司的 Mac OS 操作系统中都是通用的。这一特点使它成为在 Internet 上进行电子文档发行和数字化信息传播的理想文档格式。越来越多的电子图书、产品说明、公司文告、网络资料、电子邮件开始使用 PDF 格式文件。PDF 格式文件目前已成为数字化信息事实上的一个工业标准。

通过完成本任务，读者不难看出，用 PDF 制作的电子书具有纸版书的质感和阅读效果，使用 Acrobat Reader 浏览 PDF 文档，可以"逼真地"展现图书的原貌，而且显示大小可任意调节，通过导览窗格可以实现翻页和跳页等功能，给读者提供了个性化的阅读方式。

7.3 其他网上生活

在网络技术飞速发展的今天，人类生活的各个方面都毫无例外地有了网络的参与。其实我们只是生活在一个真正网络时代的开端阶段，相信未来将会是一个完全与网络融合，几乎要完全依赖于网络才能生活的社会。下面就来看一看现在的网络给我们的生活带来了些什么，当然在此也只是提到其中的一些主要方面。

7.3.1　网上购物

1. 目标与任务分析

购物是每个人生活中都必需的一项活动。以往的购物方式是亲自到商场、超市以及购物中心等处选购所需物品，再大包小包地提回家。这种传统的购物方式已经让人们感觉到了很多的不便，比如受购物场所上下班时间的限制、地点限制（到国外购物就不那么容易），路途和选购占用了大量时间，搬运物品让老人和病弱者不堪负荷，服务场所和服务人员附加值使得商品价格昂贵以及存在现金交易安全问题等。而网上购物方式给我们的购物生活带来了前所未有的变革，从根本上避免了传统购物方式中的种种弊端。

所谓网上购物，就是通过因特网上的购物网站检索商品信息，选定欲购商品后发出电子订购单，提出购物请求，然后通过网上银行转账付款（目前在某些大城市也可以货到付款），最后厂商通过邮局或快递公司送货上门，就此完成了网上购物的全过程。

当然，目前的网上购物还有很多不尽如人意的地方，如厂商对商品的诚信保证、售后服务保证、商品的覆盖程度以及适应人群等问题，所以，目前的网上购物方式并不能完全代替传统购物方式，它只是传统购物方式的一个补充，但在不远的将来，网上购物一定能够成为人们生活中主要的购物方式。

2. 操作思路

目前在因特网上有很多为用户提供网上购物服务的购物网站，用户可以在任意一个搜索引擎上以"网上购物"为关键词进行搜索，一定会搜索到成千上万的购物网站。下面就以目前国内知名的购物网站——卓越网为例来说明网上购物的全过程。

3. 操作步骤

首先介绍登录购物网站注册账户的操作。

（1）打开卓越网页面。在 IE 浏览器地址栏中输入卓越网 URL：http：∥ww.joyo.com，打开卓越网首页，如图 7-111 所示。

（2）首次在卓越网购物时必须先注册一个账户，在如图 7-100 所示的卓越网首页中

图 7-111　卓越网首页

单击"注册"按钮,打开"新用户注册"页面,如图 7-112 所示。

(3) 在"新用户注册"页面的对应位置分别输入电子邮件地址和验证码后,单击"下一步"按钮,在接下来打开的页面中输入账户密码,再单击"完成开户"按钮,最后打开图 7-113所示的"新用户注册成功"页面,即成功完成了注册过程。

应特别注意,电子邮件地址一定要绝对可靠,因为卓越网在购物付款以后会用该电子邮件地址与购物者核对货款及发货情况。

在图 7-113 所示的"新用户注册成功"页面中有四个选项链接,用于供用户在注册登录成功以后选择下一步的操作,它们的含义分别是:

- 返回首页购物:单击后返回卓越网首页,准备选择商品,开始购物过程。
- 进入我的账户:单击后进入用户登录的账户主页面,在该页面中用户可以查看和修改自己的账户信息。
- 进入帮助中心:单击后进入卓越网的"帮助中心",其中详细说明了在卓越网购物的方法、技巧以及注意事项等。
- 观看购物过程演示动画,了解购物过程:单击后打开一个伴有动画解说的购物过程说明,告诉用户进行购物的全过程。

注册账户成功后,就可以登录购物网站购物了。下面介绍网上购物的操作过程。

(1) 对于已拥有账户的卓越网用户,在图 7-111 所示的卓越网首页中单击"登录"按钮,在打开的"登录卓越"页面中输入你的电子邮件地址和密码,再单击"登录"超链接即可成功登录。

(2) 若用户明确知道自己需要购买的商品类别和名称,则可以通过卓越网的"商品搜索"功能直接找到所需商品,这也是最快捷的购物方法。若用户并不是确切地知道自己欲购商品的名称,甚至根本就没有明确的购买目标,只是类似逛商场一样在卓越网中随便看

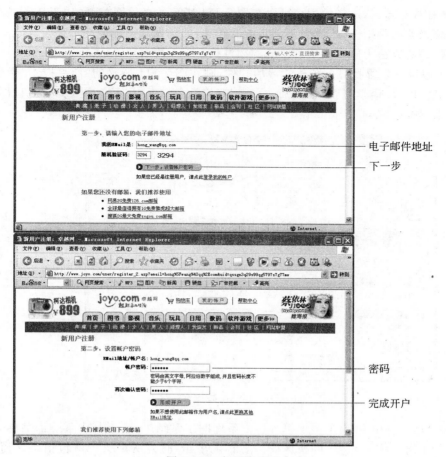

电子邮件地址

下一步

密码

完成开户

图 7-112 新用户注册

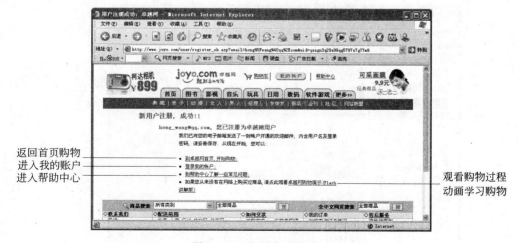

返回首页购物
进入我的账户
进入帮助中心

观看购物过程
动画学习购物

图 7-113 新用户注册成功

看,碰到喜欢的才买,这样的用户可以在图 7-111 所示的卓越网首页的"商品类别"栏中单击自己感兴趣的类别链接,进去浏览其中的商品,如此做法可能会耗费很长时间。下面以"商品搜索"的方法为例来说明具体的购物过程。

　　(3) 假设需要寻找有关英语学习的软件,则在图 7-111 所示的"商品搜索"栏中以"软件"为类别,以"外语学习"为子类别,输入到对应的文本框中,再单击"GO"按钮,得到商品搜索结果,如图 7-114 所示。

图 7-114　商品搜索结果

　　(4) 图 7-114 中列出了多项符合搜索条件的搜索结果,若对其中某一商品感兴趣,希望进一步了解其详细内容,可在该商品名称上单击,打开的网页中就包括了该商品的特点、性能、价格、优惠等详细介绍,如图 7-115 所示。

图 7-115　商品详细情况

（5）如初步决定购买此商品，可单击该商品对应的"购物车"按钮，将该商品放入"购物车"。

（6）重复以上三个步骤，将所有具有购买意向的商品全部放入"购物车"。

（7）初选商品完毕，可单击如图 7-111 所示的卓越网首页上方的"购物车"按钮，打开图 7-116 所示的网页，其中以表格的形式列出了用户选购的所有商品的名称、数量、市场价、卓越价以及总价等。在此表中，用户应该最终决定是否购买某商品，单击某商品后面的"取消"按钮可以放弃购买该商品，单击某商品后面的"收藏"按钮可以将该商品收藏起来以备下次购买。当然，此时用户也可以单击"继续购物"按钮将更多商品添加到"购物车"中。

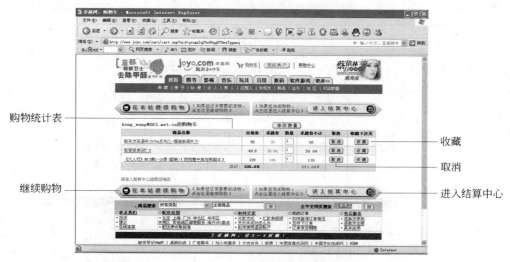

图 7-116　购物统计表

（8）若用户决定购买"购物车"中所选的商品，就应该进行结账操作了。单击图 7-116 所示网页中的"进入结算中心"按钮，打开结算中心页面，如图 7-117 所示。

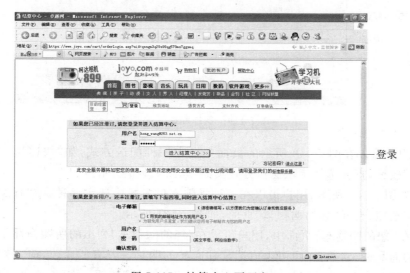

图 7-117　结算中心页面之一

(9) 在图 7-117 所示的页面中,首先填写注册过的电子邮件地址和密码,单击"登录"按钮,打开如图 7-118 所示的页面,填写收货人(可以不是用户本人)的地址及相关信息,经反复检查输入无误后单击"确定"按钮,打开选择配送方式页面,如图 7-119 所示。

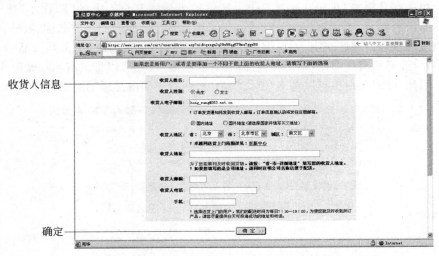

图 7-118 结算中心页面之二

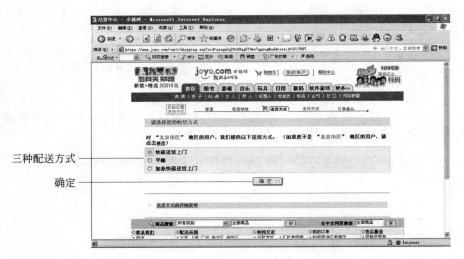

图 7-119 选择配送方式

(10) 用户可以在图 7-119 所示的页面中选定一种配送方式,如"快递送货上门",再单击"确定"按钮,打开选择货款支付方式页面,如图 7-120 所示。

(11) 如图 7-120 所示,用户可以在多种货款支付方式中选定一种,如"货到付款",再单击"确定"按钮,打开"您的购物车"页面,如图 7-121 所示。

(12) 在"您的购物车"页面中,用户可以在"您的购物车"列出的所购商品统计表中最后确定所购商品种类、数量,也可以取消某种商品的购买。若有所修改,应在修改后单击"确定修改"按钮,若最终确定所购商品,则单击"继续结算"按钮。注意,在此页面中,用户

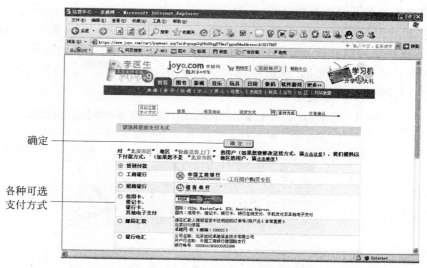

确定

各种可选
支付方式

图 7-120　选择货款支付方式

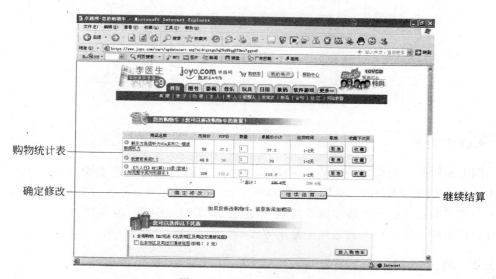

购物统计表

确定修改

继续结算

图 7-121　购物最终统计表

可以选购卓越网为购物用户提供的价格极为优惠的小商品,用户若选购,则可以在送货时同时送达。

　　(13) 在图 7-121 中单击"继续结算"按钮以后,若用户选择的是除"货到付款"以外的其他付款方式,如某银行卡转账付款方式,则屏幕会继续打开系列页面提示用户输入银行卡卡号或密码等,用户只需按屏幕提示操作即可。

　　需要注意的是,用户在选择了银行支付方式以后,支付操作过程实际上是在网上银行中进行的。网上银行一般都需要用户首先到相应银行网点签约以后才能开通,当然也有些银行可以在网上开通,只有网上银行开通以后,用户才能够采用银行支付方式。有关网上银行的内容将在下一小节中介绍。

（14）付款操作结束以后，显示交易成功页面，并给出"订单号"，用户应记住该"订单号"以备以后出现问题时进行查询。另外，卓越网同时还会用电子邮件将该订单发送给用户留底保存。最后单击"完成"按钮，如图 7-122 所示，结束整个网上购物过程，等待所购商品送货上门即可。

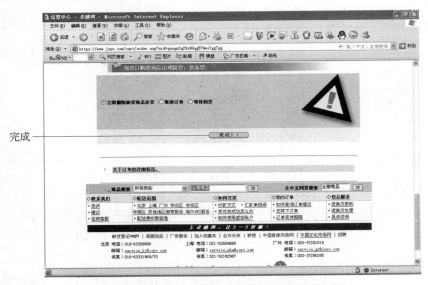

图 7-122　订单及购物过程结束

4. 归纳分析

网上购物是一种全新的商品交易模式，实际上它只是因特网的重要应用——电子商务中针对企业与个人（B2C）交易的一种具体实现方式，而电子商务还具有更广泛的意义。网上购物目前虽然还存在诸如商品范围、安全性、可靠性等问题，但其作为我们今后生活中日益重要的商品交易方式的地位是不容置疑的。

7.3.2　网上银行

1. 目标与任务分析

去银行办理业务要排队，还有上下班时间的限制，这些都是人们经常发出的抱怨，其实解决这些问题已经有了很好的办法，那就是网上银行。

网上银行又称网络银行、在线银行，是指银行利用因特网技术，通过因特网向客户提供开户、销户、查询、对账、行内转账、跨行转账、信贷、网上证券、投资理财等传统柜台服务项目，使客户足不出户就能够安全便捷地管理活期和定期存款、支票、信用卡及个人投资等。而且网上银行还能办理一些传统柜台不能办理的业务，如网上购物、自动转账、7×24小时全天候汇款、家庭理财等。可以说，网上银行是在因特网上的虚拟银行柜台。

2. 操作思路

对个人用户来说,网上银行应该在申请以后才能开通使用,具体的申请方法一般有两种:

(1)网上申请方式:此种方式可以申请为网上银行的普通用户。用户只要在网上直接申请即可,不用到银行柜台办理任何手续,但由于没有使用数字证书认证,安全性可能会受到影响。

(2)柜台签约方式:此种方式可以申请为网上银行的签约用户。用户需持本人有效身份证件和银行卡或存折到银行网点柜台办理签约认证手续,同时申请数字客户证书,以便更好地确保所有网上交易的安全无忧。

本任务中,在建设银行以网上申请方式申请开通网上银行,以此为例介绍网上银行的申请、开通、登录以及使用等具体操作的方法。

3. 操作步骤

(1)在 IE 地址栏中输入建设银行网站的 URL:http://www.ccb.cn,按 Enter 键,打开"建设银行"网站主页,如图 7-123 所示。

(2)在图 7-123 所示的建设银行首页中单击"登录网上银行"按钮,打开网上银行页面,如图 7-124 所示。

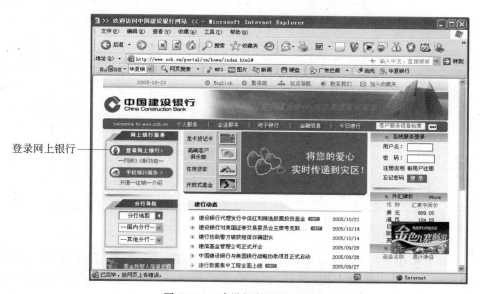

图 7-123　建设银行网站主页

(3)在图 7-124 所示的页面中,单击"个人网上银行"栏中的"登录"链接按钮,打开网上银行个人客户登录页面,如图 7-125 所示。对于已经注册过的用户只要输入证件号码(即注册过的证件号码,一般为身份证号)、登录密码以及附加码后,再单击"登录"按钮,即可登录并进入该用户自己的网上银行页面。

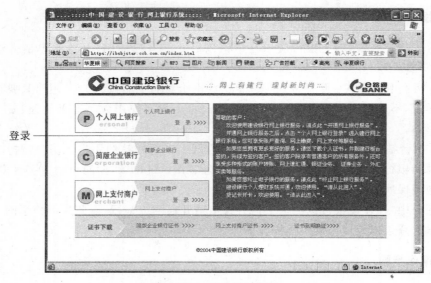

图 7-124　网上银行页面

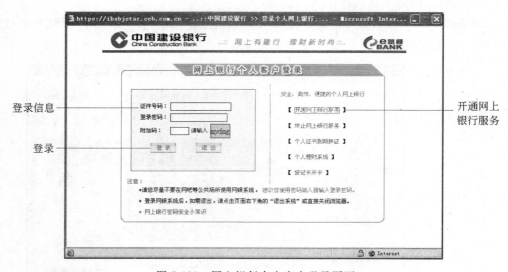

图 7-125　网上银行个人客户登录页面

（4）对于未注册的新用户，则需要首先注册并开通网上银行以后，才能登录进入网上银行，在图 7-125 所示的网上银行个人客户登录页面中，单击"开通网上银行服务"链接按钮，打开网上银行协议页面，如图 7-126 所示。

（5）在网上银行协议页面中，单击"同意"按钮，打开网上银行个人申请表页面，如图 7-127 所示。

（6）在图 7-127 所示的页面中详细输入用户信息，包括用户姓名、身份证号、准备以后在网上银行交易中使用的卡号、卡密码以及登录密码等，输入完成后单击"确定"按钮，打开注册成功页面，如图 7-128 所示。

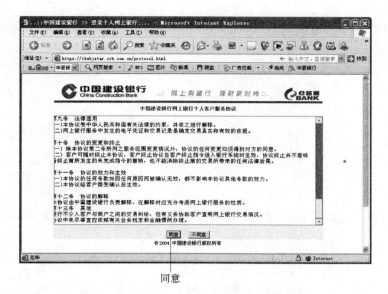

同意

图 7-126　网上银行协议

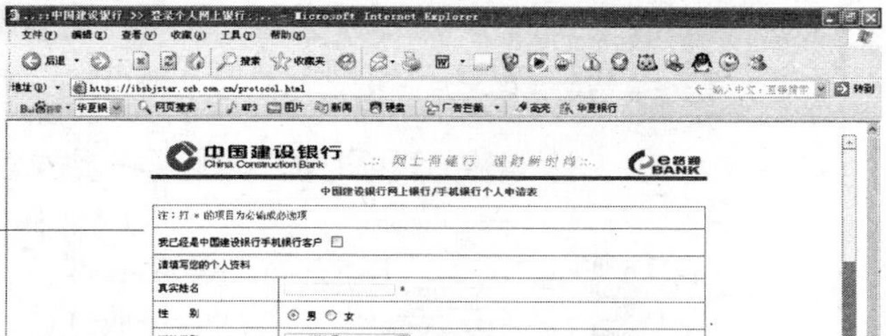

个人信息

确定

图 7-127　网上银行个人申请表页面

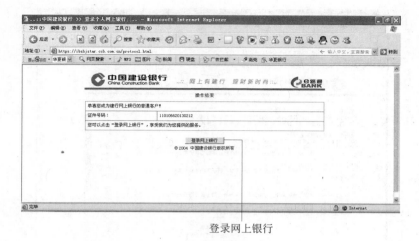

登录网上银行

图 7-128　注册成功页面

（7）在图 7-128 所示的页面中单击"登录网上银行"按钮,返回到网上银行登录页面,如图 7-129 所示。

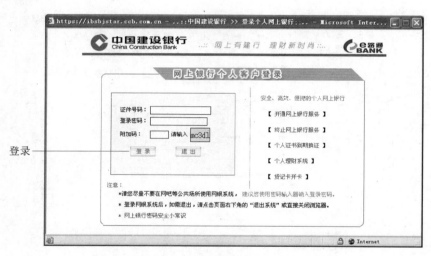

图 7-129　登录页面

（8）在图 7-118 所示的登录页面中输入已经注册成功的证件号码(一般为身份证号码)、密码和附加码后,单击"登录"按钮。

（9）登录成功后,会打开欢迎登录页面,如图 7-130 所示。在此页面中,如果用户希望提高网上银行交易的安全性,可以单击"下载证书"按钮,下载数字证书软件,安装后再到建行的任意柜台网点办理签约手续,即升级为签约客户。最后再单击"确定"链接按钮,打开用户个人账户页面,如图 7-131 所示。

（10）成功登录用户个人账户页面以后,就可以在该页面中实现在银行网点柜台上能够完成的大部分操作,甚至还可以实现某些在银行网点柜台上所不能完成的操作。用户只要在图 7-131 所示页面左边的"功能项目列表"中选定准备操作的功能项目,并按屏幕

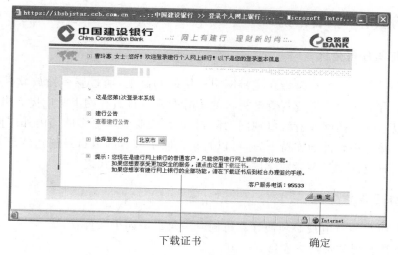

下载证书   确定

图 7-130 欢迎登录

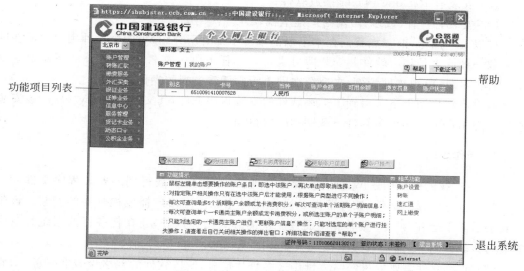

功能项目列表

帮助

退出系统

图 7-131 个人网上银行账户页面

提示操作即可。有问题时可以单击"帮助"按钮获得帮助,这里不再详述。操作结束后,单击"退出系统"按钮,即可正常退出网上银行。

4. 归纳分析

目前我国的绝大部分银行都提供了网上银行功能,各银行的网上银行一般从注册、登录到操作都大同小异,用户通过简单实践就能够很好地掌握。

有些用户担心网上银行的安全问题,其实大可不必担心,特别是签约具有数字证书保证的签约用户更是可以放心大胆地使用网上银行,但前提是,用户自己千万不要以任何方式把自己的网上银行账号和密码透露出去,做到了这一点,网上银行安全性就是没有问题的。

7.3.3 网上听广播看电视

1. 目标与任务分析

在网上听广播看电视是指在宽带网络连接的基础上,通过媒体播放软件在计算机上收听广播电台的实时广播或观看电视台的实时电视节目。在网上听广播看电视的最大好处就是可以不受广播网及有线电视网的限制,可以收听收看更多的国内外广播和电视,在某些网络广播电视软件的支持下,还可以将正在收听收看的节目录制到硬盘上。另外,在网上听广播看电视也是今后数字广播电视的基础和实现形式之一。

2. 操作思路

在网上听广播看电视必须使计算机同时满足以下四个条件:
(1) 能够实现宽带网络连接;
(2) 安装有 Windows Media Player 播放软件;
(3) 安装有 Realone Player 播放软件;
(4) 安装有一种(或多种)网络广播电视软件。

在以上四点中,前三点我们在本书以前章节中都有所介绍,第四个条件用户只需在网上下载一种或多种相应软件并安装即可满足。本任务以一款名为"STV——深蓝卫星网络"的网络广播电视软件为例,来介绍在网上听广播看电视的操作过程。

假设已经在网上下载得到了上述软件的安装程序文件,其文件名为 stv.exe。该安装程序文件用户可以在许多软件下载网站下载得到。

3. 操作步骤

(1) 在"我的电脑"或"Windows 资源管理器"中找到下载得到的安装程序文件 stv.exe,双击运行该程序文件,按屏幕提示操作即可完成该网络广播电视软件的安装。该软件安装后除了会在"开始"菜单和桌面建立快捷方式图标以外,还在任务栏的系统托盘中安装有该软件"伺服器"图标█,该伺服器是随 Windows 自动启动的。

(2) 此类软件需要通过网络大量传送多媒体信息,所以软件的网络设置非常关键,在系统托盘中的"伺服器"图标█上右击,在弹出的快捷菜单中选定"功能选项"命令,打开"功能选项"对话框,如图 7-132 所示。

在"功能选项"对话框中,单击"上网加速"选项卡,在其中的"本机上网方式"框中选定本机的网络连接方式,如"ADSL",再单击右下方的"优化"按钮,该软件自动将自身与本机网络都调整到最优状态。

(3) 连接网络后,双击该程序在桌面上的快捷方式图标,打开程序主窗口,如图 7-133 所示。

(4) 若要收听广播,可在图 7-133 所示的程序主窗口中,单击打开"电台"下拉菜单,在其中选择某广播电台名称,或者直接在右边的"节目列表"中选择,该程序自动启动 Realone Player 并开始播放该广播电台的节目内容。

上网加速

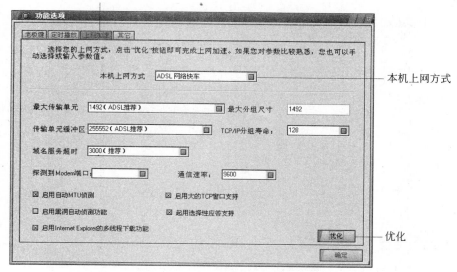

图 7-132　"功能选项"对话框

本机上网方式

优化

主菜单

节目列表

电视播放区

播放控制按钮

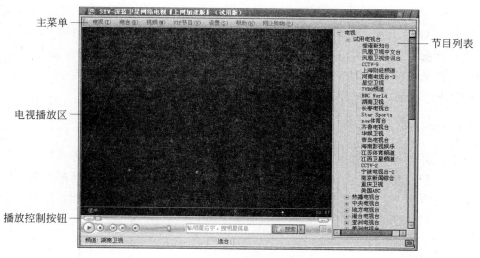

图 7-133　程序主窗口

（5）若要收看电视，可在图 7-133 所示的程序主窗口中，打开"电视"下拉菜单，在其中选择某电视台名称，或者直接在右边"节目列表"中选择，则在程序主窗口的"电视播放区"中将直接播放该电视台的节目内容。

（6）该软件的注册用户或 VIP 用户，拥有看数字视频和 VIP 节目的特权。操作方法也是到"主菜单"的"视频"或"VIP 节目"下拉菜单中选择。注册用户或 VIP 用户其实就是付费数额不等的用户，该软件的免费用户可听或收看的节目是受到限制的。

（7）该软件支持定时播放节目，在系统托盘中的"伺服器"图标■上右击，在弹出的快捷菜单中选择"功能选项"命令，打开"功能选项"对话框，单击"定时播放"选项卡，如

图 7-134 所示。

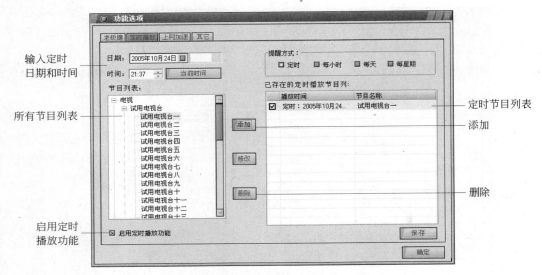

图 7-134 "功能选项"对话框

（8）在"功能选项"对话框的"所有节目列表"中选定某节目，在"输入定时日期和时间"框中输入日期和时间，再单击"添加"按钮，将该节目添加到"定时节目列表"中。注意：必须将对话框中右下角的"启用定时播放功能"复选框选定，才能使定时设置有效，到指定时间将会自动播放选定的节目。

（9）单击"保存"按钮后，再单击"确定"按钮即可完成定时播放设置。

4. 归纳分析

网络广播电视软件种类很多，其基本功能和操作都大同小异，但又各有特色。用户可以在上述介绍的基础上，尝试使用其他的这类软件，应注意这些软件之间最大的不同就是拥有的节目资源不同，用户如果在一台计算机上安装多款这类软件，就能够综合它们的优势了，读者不妨试一试。

7.3.4 网上游戏

1. 目标与任务分析

网上游戏是指两个或若干个素未谋面甚至可能远隔千山万水的人，在因特网这巨大的平台上捉对厮杀，在虚拟世界中领略游戏给陌生的朋友们之间带来的友谊和快乐。

本任务将介绍通过 Internet 将陌生的人们聚集在一起玩游戏的操作。

2. 操作思路

网上玩游戏可以有很多种途径，比如前面介绍的即时通信软件 QQ 和 MSN 就都支持网上游戏。但在这里只以著名的网上游戏网站"联众世界"为例，介绍在其上如何注册、登录安装游戏以及与远方的朋友玩游戏的方法。

3. 操作步骤

首先介绍下载并安装"联众世界"客户端软件"游戏大厅"以及注册成为联众客户的相关操作。

（1）启动 IE 浏览器，在其地址栏中输入联众世界网站的 URL：http：// www.ourgame.com，打开联众世界网站主页，如图 7-135 所示。

图 7-135　联众世界网站主页

（2）若要上网玩游戏，必须先下载并安装"联众世界"客户端软件——"游戏大厅"，在联众世界网站主页中，单击右上角的"下载"链接按钮，打开联众下载页面，如图 7-136 所示，单击"自动下载安装"按钮，可以实现"游戏大厅"下载安装的一步完成。

图 7-136　联众下载页面

（3）按照图 7-137～图 7-144 中的提示顺序操作，即可完成"游戏大厅"下载安装过程。

1.等待到达100%即可

图 7-137　游戏大厅下载安装过程之一

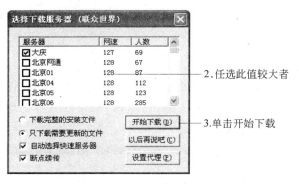

2.任选此值较大者

3.单击开始下载

图 7-138　游戏大厅下载安装之二

默认目录　　　4.确定

图 7-139　游戏大厅下载安装之三

5.等待到达100%即可

图 7-140　游戏大厅下载安装之四

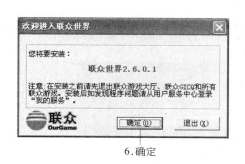

6.确定

图 7-141　游戏大厅下载安装之五

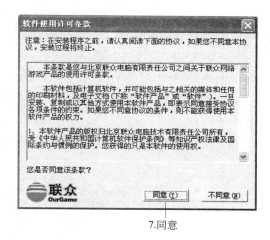

7.同意

图 7-142　游戏大厅下载安装之六

8.等待到达100%即可

图 7-143　游戏大厅下载安装之七

9.确定

图 7-144　游戏大厅下载安装之八

（4）"游戏大厅"安装成功以后，会在桌面和"开始"菜单中建立了快捷方式图标 。
双击该图标启动联众游戏大厅，打开联众登录对话框，如图 7-145 所示。

用户名
密码

新用户注册　　登录

图 7-145　联众登录对话框

如果用户是已经拥有用户名和密码的联众老客户,则只需在如图 7-145 所示的对话框中输入用户名和密码,在单击"登录"按钮即可登录到联众世界网站。

(5) 如果用户还没有在联众注册过,必须首先注册成为联众客户,在图 7-145 所示的对话框中单击"新用户注册"按钮,打开"账号注册"系列页面。

(6) 按照图 7-146~图 7-149 中的提示顺序操作,依次输入相关信息完成联众注册过程。

1.填写必填项

图 7-146　联众注册之一

2.选填二级密码

图 7-147　联众注册之二

其他选填项

图 7-148　联众注册之三

完成

图 7-149　联众注册之四

下面介绍登录到联众游戏大厅并下载安装游戏软件的操作。

（1）注册成为联众客户以后，重新启动联众，在图 7-145 所示的联众登录对话框中输入用户名和密码后，单击"登录"按钮，打开联众游戏大厅页面，如图 7-150 所示。

页面中各元素的作用如下：

- 工具栏：列出了单击可以切换到联众世界网站不同主题页面的链接按钮。
- 频道选择栏：单击某频道对应的按钮，马上在页面内显示出该频道的内容，图 7-150 所示的当前频道为"游戏"频道。

图 7-150　联众游戏大厅页面

- 频道内容框：显示出在"频道选择栏"中选定频道的内容。
- 游戏列表栏：列出了联众提供的所有网上游戏项目，对每一项都详细说明了游戏名称、游戏简单介绍、在玩人数、用户是否下载安装了该游戏软件的图示及安装提示等。

注意，在用户计算机上安装过的游戏与未安装过的游戏显示在"游戏列表栏"中的图标外观是不同的。所有未安装过的游戏图标统一为 ，安装过的游戏图标根据该游戏本身含义的不同也各不相同，例如安装了牌类游戏"拱猪"以后，其图标显示为一个可爱的小猪头形象 。

（2）用户若要安装自己感兴趣的游戏软件，可在图 7-150 所示的"游戏列表栏"中找到该游戏项，并双击下载安装该游戏软件，例如在"五子棋"游戏上双击，打开系列下载安装的页面，按图 7-151～图 7-156 中所示的步骤操作，即可将所选游戏"五子棋"的客户端软件安装到用户计算机中，以后用户就可以和网上的朋友一起玩这项游戏了。

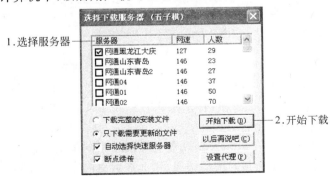

图 7-151　游戏软件下载安装之一

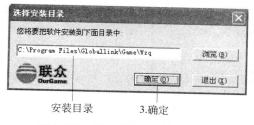

安装目录   3.确定

图7-152　游戏软件下载安装之二

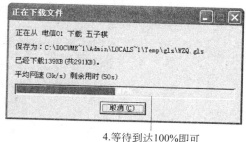

4.等待到达100%即可

图7-153　游戏软件下载安装之三

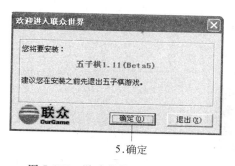

5.确定

图7-154　游戏软件下载安装之四

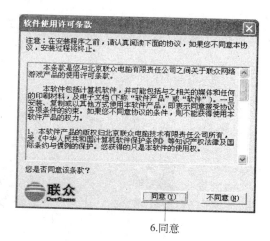

6.同意

图7-155　游戏软件下载安装之五

下载安装游戏软件后，用户就可以开始玩游戏了，下面介绍在网上玩游戏的操作步骤。

（1）在图7-150所示的游戏大厅页面的"游戏列表栏"中选定准备玩的游戏，比如"五子棋"，再单击游戏大厅"工具栏"最左边的"进入"按钮，打开"选择服务器"对话框，如图7-157所示。

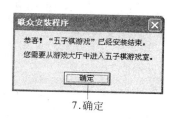

7.确定

图7-156　游戏软件下载安装之六

（2）在图7-157中，如果需要，还可以改变要玩的游戏项目，如果确定游戏项目不改了，再选择一个网速、人数适当且适合用户自身水平的服务器以后，单击"确定"按钮，进入游戏页面，如图7-158所示，该页面主要由四个子窗格组成，各子窗格的作用如下：

- 游戏室：用于选择游戏位置，可以在无人桌或单人桌中选择，选择无人桌表示等待其他玩家，选择单人桌表示请求对方同意和他一起玩游戏。
- 游戏室选择栏：用于选择适合自己玩法和水平的游戏室，在选定游戏室上双击即可。
- 聊天室：用于边玩边聊天，在对方思考的时候，可以在"聊天室输入栏"中输入想和对方说的话，再单击"发送"按钮，对方就可以看到了。

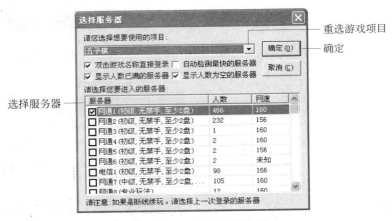

图 7-157　选择游戏服务器

- 游戏室玩家介绍：列出了游戏室中所有玩家及情况介绍，可以据此了解某个玩家的技术水平，以便用户选择。

图 7-158　游戏页面

（3）若游戏室中有单人桌，就可以单击空椅子坐下，等待对方同意开始游戏。若在无单人桌或在有单人桌而又不想和对方玩，可单击某无人桌等待来新人一起玩游戏，有人来时，若同意则单击"开始"按钮，就可以开始和对方玩游戏了。

若在某椅子上坐下后又想起来，只需再单击该椅子即可退出该桌游戏。

另外，不同游戏的玩法差别很大，这里无法一一详述，在联众世界网站主页提供了每种游戏的玩法说明，单击某个游戏名称即可看到，用户可以参考。

4. 归纳分析

以上介绍的是联众为免费用户提供的一些游戏功能，对于联众的收费客户——会员，联众还提供了更多的功能，有兴趣的读者可以去尝试使用。另外，还有很多提供网上游戏功能的网站,比如几大门户网站以及 QQ、MSN 等都能够玩网上游戏,感兴趣的读者也可以去看一看。

7.3.5　个性化网上生活——博客

1. 目标与任务分析

（1）什么是博客

"博客"一词是从英文单词 Blog 翻译而来的。Blog 是 Weblog 的简称,而 Weblog 则是由 Web 和 Log 两个英文单词组合而成的。Weblog 就是在网络上发布和阅读的流水记录,通常称为"网络日志",简称为"网志"。

Blogger 即指撰写 Blog 的人。Blogger 在很多时候也被翻译成为"博客"一词,而撰写 Blog 这种行为,有时候也被翻译成"博客"。因而,中文"博客"一词,既可作为名词,分别代表两种意思,即 Blog（网志）和 Blogger（撰写网志的人）;也可作为动词,意思为撰写网志这种行为,只是在不同的场合分别表示不同的意思。

在具体实现上,Blog 表现为一个网页,通常由简短且经常更新的帖子（Post,作为动词,表示张贴的意思;作为名词,指张贴的文章）构成,这些帖子一般是按照年份和日期逆序排列的。而作为 Blog 的内容,它可以是个人的想法和心得,包括对时事新闻、国家大事的个人看法,或者对一日三餐、服饰打扮的精心料理等,也可以是在基于某一主题的情况下或是在某一共同领域内由一群人集体创作的内容。它并不等同于"网络日记"。网络日记带有很明显的私人性质,而 Blog 则是私人性和公共性的有效结合,它绝不仅仅是纯粹的个人思想的表达和日常琐事的记录,它所提供的内容可以用来进行交流和为他人提供帮助,是可以包容整个互联网的,具有极高的共享精神和价值。

简言之,Blog 就是以网络作为载体,简易迅速便捷地发布自己的心得,及时有效轻松地与他人进行交流,同时集丰富多彩的个性化展示于一体的综合性网络平台。

（2）如何成为博客

目前在因特网上有很多提供博客服务的网站,如中国博客网、博客中国、Tom 博客、博客动力、天涯博客等,只要在任意一个搜索引擎上用"博客"作为关键词搜索,还可以搜索到更多内容。

用户若想成为博客,则只要在某提供博客服务的网站中申请注册,注册成功以后博客网站就会为用户提供一个拥有独立域名的网页。用户可以在自己的博客网页上发表个人的想法和心得,他人也可以打开用户的博客网页分享思想或进行讨论。这样你就是一个博客了,但要想成为一个好的博客,就必须拥有自己独到的见解、受欢迎的文章以及漂亮而有个性的博客页面了。

本部分内容的任务有两个,一个是介绍在博客网站申请注册成为博客的过程,二是简单介绍一个组织博客网页的软件的使用方法。

2. 操作思路

下面以在中国博客网（http://www.blogcn.com）上申请注册成为博客为例,来完成上述两个任务目标。

3. 操作步骤

首先介绍在中国博客网站上申请注册成为博客成员的操作。

（1）打开中国博客网主页。在 IE 地址栏中输入中国博客网 URL：http：∥www. blogcn.com，打开中国博客网主页，如图 7-159 所示。

图 7-159　中国博客网主页

（2）若要申请注册为博客用户，可在图 7-159 所示的中国博客网主页中单击"注册"链接按钮，打开"注册中心"页面，如图 7-160 所示，按屏幕提示输入各项信息，其中"用户

图 7-160　注册中心页面

名"一项很重要,该名称将用来组成用户博客的网页域名,使他人能够直接打开你的博客网页。例如,假设输入的用户名为 myblogname,则中国博客网为你分配的博客网页域名为 myblogname. blogcn. com。今后任何人只要将此域名输入到 IE 浏览器的地址栏中,按 Enter 键后即可打开你的博客网页。

（3）信息输入完成以后,单击"提交"链接按钮,在打开的"开通博客"页面中按提示输入相关信息,如 Blog 标题（将会显示在博客页面上的主标题）,然后再选择博客页面类型,如个人博客,最后单击"马上开通"按钮,至此成功完成了全部注册过程。你已经是中国博客网的一名博客成员了。

申请注册成功以后,就应该开始编辑自己的博客网页了。下面简要介绍一下博客网页的编辑过程以及浏览自己的博客网页的方法。

（1）重新打开中国博客网主页,如图 7-159 所示,在最上面一行中输入已经注册成功的"用户名"和"密码",单击"登录"按钮,登录成功后则该主页的最上面一行变为如图 7-161 所示的形式。

图 7-161　登录成功后的主页

（2）在图 7-161 所示页面的最上面一行中单击"发表日志"按钮,打开"我的控制面板"页面,如图 7-162 所示,此页面即为中国博客网为用户提供的博客页面编辑环境,在此页面中用户可以方便地编辑修改自己的博客网页。

（3）在图 7-162 所示的"我的控制面板"页面中,可以输入准备发表在博客网页上的文章和展示的图片,可以利用"工具按钮栏"向网页中添加音乐和视频,具有高级网页编辑技术的用户还可以直接使用 XML 代码编辑动态网页效果。

通过"编辑选项"栏,用户可以对网页的很多方面进行组织整理。例如,用户可以编辑修改自己的博客网页模板,只要在"编辑选项"栏的"编辑模板"项下单击"更换模板",打开如图 7-163 所示的"选择网页模板"页面,在其中选择自己喜爱的模板后单击"提交修改"

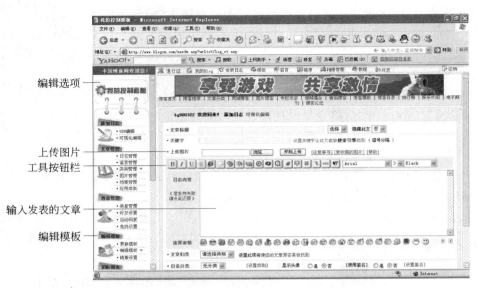

编辑选项

上传图片
工具按钮栏

输入发表的文章

编辑模板

图 7-162　我的控制面板

按钮,在打开的"更改成功"页面中单击"回到前页",则完成了改变博客网页模板的操作,效果如图 7-164 所示。

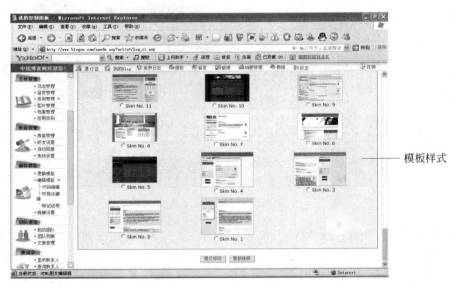

模板样式

图 7-163　选择网页模板

（4）如果有需要,用户还可以在"编辑选项"栏的"编辑模板"项下单击"编辑模板",对新模板的细节进行编辑修改,这里不再详述。

（5）有两种方法可以浏览自己的博客网页。

第一种方法是当用户使用"用户名"和"密码"在中国博客网上成功登录以后,无论任何时候,都可以通过单击页面最上面一行中的"我的 Blog"浏览到自己的博客网页。这种

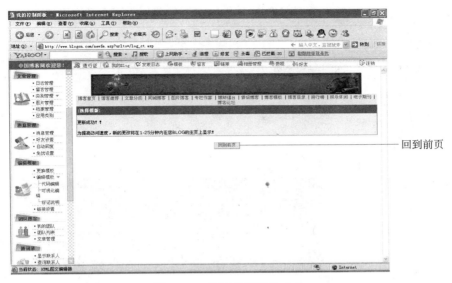

图 7-164　页面模板更改成功

浏览方法特别适合于用户在编辑网页的过程中观察编辑效果。

第二种方法是用户直接在 IE 浏览器的地址栏中输入博客网页域名后按 Enter 键直接打开网页浏览,这种方法主要适合于其他需要浏览你的博客网页的用户。

Rabo 是中国博客网客户端产品中的一种,是安装在用户计算机端的管理自己博客的软件。它不但结合了 RSS 阅读器浏览日志的方便与快捷,而且弥补了它的不足,将写日志与管理日志的功能加入其中,Blogcn.com 用户可以利用 Rabo 以离线的方式撰写日志,并选择立即发表或保存到本地稍后发表。写日志只是 Rabo 最基本的功能,除此之外,它还有其他许多强大的功能,包括日志备份、上传图片、我的相册、我的好友、博客订阅、RSS 订阅等,是一款非常好用的博客客户端软件。下面简单介绍一下与 Rabo 软件相关的操作。

(1) 下载 Rabo 安装程序文件,可以在中国博客网主页找到 Rabo 的下载链接,单击后下载得到名为 Rabo1.0Beta1_2k.exe 的 Rabo 安装程序文件。

(2) 在"我的电脑"或"Windows 资源管理器"中找到下载得到的安装程序文件 Rabo1.0Beta1_2k.exe,双击运行该程序文件,按照屏幕提示操作即可成功安装 Rabo 到用户的计算机中。

(3) 安装成功后,双击 Rabo 在桌面上的快捷方式图标运行 Rabo,首先出现登录界面,输入"用户名"和"密码"后打开 Rabo 程序窗口,如图 7-165 所示。

(4) 在 Rabo 程序窗口中,用户可以离线撰写日志,编辑组织整理网页内容,然后再上传到中国博客网网站发表,非常方便好用。

4．归纳分析

本任务重点介绍了博客的含义以及如何注册成为博客的方法,有关博客网页的编辑

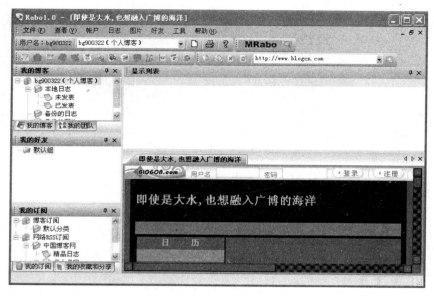

图 7-165　Rabo 程序窗口

只是简单地提及。事实上,一个好的博客网页至少应该具有两个特点,即引人注目的网页外观和新颖独到的网页内容,做到这两点并不是很容易的事情,前者需要具有一定的网页编辑技术和审美观,后者需要具有广博的知识、深邃的思想以及出色的写作能力,本书无法全面覆盖这些内容,只能寄希望于读者更多的努力了。

本章小结

1. 因特网上的信息交流方式有很多种,如 BBS 论坛、新闻组、网上视频会议和 IP 电话等,但目前网上交流方式中使用人数最多的还是聊天室以及 QQ、MSN 等即时聊天软件。

2. 聊天室(Chat)是 Internet 网上用户进行信息交流的主要方式之一,也可以理解为用户在 Internet 上聊天交流信息的一块天地。一般都是由一些专业网站通过浏览器提供、组织并管理这项服务,称之为基于浏览器的聊天室。

3. QQ 是由我国腾讯计算机系统有限公司自主开发的基于 Internet 的即时通信(IM)工具软件。用户可以使用 QQ 与网上其他用户进行即时交流,其特点是文字聊天的即时发送和即时接收、使用方法简单方便快速。另外,QQ 还具有视频语音聊天、聊天室、文件传输以及和手机短信互联等服务功能。QQ 是我国目前用户数最多、最受国内用户欢迎的即时通信软件。

4. MSN 是由美国微软公司推出的基于 Internet 的即时通信工具软件。其功能与QQ 基本相同,也可以提供用户之间的文字聊天、视频语音聊天等功能。但二者也各有自己的特点,MSN 与 QQ 的一个最主要区别就是用户群的不同,QQ 的用户主要是国内用户,而 MSN 的用户群遍布全世界,而目前 MSN 的国内用户数量还远远少于 QQ。

5. Windows Media Player 是 Microsoft 公司开发的一个功能强大且易于使用的媒体播放工具。它可以播放本地媒体内容,也可以播放流式媒体内容,两种播放方式各有优缺点。流式媒体不会占用计算机的空间,但是必须要连接到 Internet 上才能播放,文件完成播放后,也不会存储在计算机上;用户不用连接到 Internet 就可以播放本地媒体,但是会占用大量的计算机存储空间。

6. Windows Media Player 在播放流式媒体文件时,为了让播放过程更流畅一些,可以适当增加缓冲的时间。

7. RealOne Player 是常用的媒体播放器,是一个在 Internet 上通过流技术实现音频和视频实时传输的在线收听工具软件,使用 RealOne Player 可以在网上收听或收看自己感兴趣的广播、电视节目。与传统的下载播放不同,由于 RealOne Player 采用了流式编码模式,因此使用它可以不必下载音频和视频内容,只要线路允许,就能完全实现网络在线播放。

8. Acrobat Reader 是专用于阅览 PDF 文档的软件,使用 Acrobat Reader 浏览 PDF 文档,可以“逼真地”展现图书的原貌,而且显示大小可任意调节,通过导览窗格可以实现翻页和跳页等功能,给读者提供了个性化的阅读方式。

9. 所谓网上购物,就是通过因特网上的购物网站检索商品信息,选定欲购商品后发出电子订购单提出购物请求,然后通过网上银行转账付款(目前在某些大城市也可以货到付款),最后厂商通过邮局或快递公司送货上门,就此完成了网上购物的全过程。

10. 网上银行又称网络银行、在线银行,是指银行利用因特网技术,通过因特网向客户提供开户、销户、查询、对账、行内转账、跨行转账、信贷、网上证券、投资理财等传统柜台服务项目,使客户足不出户就能够安全便捷地管理活期和定期存款、支票、信用卡及个人投资等。而且网上银行还能办理一些传统柜台不能办理的业务,如网上购物、自动转账、7×24 小时全天候汇款、家庭理财等。可以说,网上银行是在因特网上的虚拟银行柜台。

11. 在网上听广播看电视是指在宽带网络连接的基础上,通过媒体播放软件在计算机上收听广播电台的实时广播或观看电视台的实时电视节目。目前,在网上听广播看电视的最大好处就是可以不受广播网及有线电视网的限制,可以收听或收看更多的国内外广播和电视,在某些网络广播电视软件的支持下,还可以将正在收听或收看节目录制到硬盘上。另外,在网上听广播看电视也是今后数字广播电视的基础和实现形式之一。

12. 网上游戏是指两个或若干个素未谋面甚至可能远隔千山万水的人,在因特网这巨大的平台上捉对厮杀,在虚拟世界中领略游戏给陌生的朋友之间带来的友谊和快乐。

13. “博客”一词是从英文单词 Blog 翻译而来的。Blog 是 Weblog 的简称,而 Weblog 则是由 Web 和 Log 两个英文单词组合而成的。Weblog 就是在网络上发布和阅读的流水记录,通常称为“网络日志”,简称“网志”。Blogger 即指撰写 Blog 的人。Blogger 在很多时候也被翻译成为“博客”,而撰写 Blog 这种行为,有时候也被翻译成“博客”。因而,中文“博客”一词,既可作为名词,分别代表两种意思,即 Blog(网志)和 Blogger(撰写网志的人),也可作为动词,意为撰写网志这种行为,只是在不同的场合分别表示不同的意思。

习题

7.1 试注册登录到新浪聊天室,感受与陌生朋友聊天的乐趣。

7.2 下载 QQ 的最新版本,安装并申请 QQ 号码,然后与你的好友在 QQ 上尝试用文字、语音或视频交流,再用 QQ 玩一玩游戏。

7.3 下载 MSN 的最新版本,安装并注册到 MSN,并试着与遥远的朋友(如台湾的朋友)在 MSN 上用文字、语音或视频交流,再用 MSN 玩一玩游戏。

7.4 上卓越网买本书,但别忘了从银行拨书款,试试吧。

7.5 下载一款本章介绍的网络广播电视软件,在你的计算机上看看香港电视台的节目,听听美国的英文广播。

7.6 和你的朋友约好在联众世界网站的棋牌室里见个高低吧。

7.7 今天你博客了吗?申请做个博客吧。

参 考 文 献

[1] Andraw S Tanenbaum. 计算机网络.3 版. 北京：清华大学出版社,2002.
[2] 吴功宜,吴英.Internet 基础.北京：清华大学出版社,2001.
[3] 李宁,田蓉.电子邮件.北京：中国机械出版社,2000.
[4] 李宁.办公自动化技术.北京：中国铁道出版社,2003.
[5] 姚新军.时尚网事.北京：电子工业出版社,2005.
[6] 孙连三,等.新手学上网.北京：人民邮电出版社,2004.
[7] 王建珍,等.计算机网络应用基础实验指导.北京：人民邮电出版社,2004.

高等院校计算机应用技术规划教材书目

基础教材系列

计算机基础知识与基本操作（第 3 版）
实用文书写作（第 2 版）
最新常用软件的使用——Office 2000
计算机办公软件实用教程——Office XP 中文版
常用办公软件（Windows 7，Office 2007）
计算机英语

应用型教材系列

QBASIC 语言程序设计
QBASIC 语言程序设计题解与上机指导
C 语言程序设计（第 2 版）
C 语言程序设计（第 2 版）学习辅导
C++程序设计
C++程序设计例题解析与项目实践
Visual Basic 程序设计（第 2 版）
Visual Basic 程序设计学习辅导（第 2 版）
Visual Basic 程序设计例题汇编
Java 语言程序设计（第 3 版）
Java 语言程序设计题解与上机指导（第 2 版）
Visual FoxPro 使用与开发技术（第 2 版）
Visual FoxPro 实验指导与习题集
Access 数据库技术与应用
Access 数据库技术应用教程
Internet 应用教程（第 3 版）
计算机网络技术与应用
网络互连设备实用技术教程
网络管理基础（第 2 版）
电子商务概论（第 2 版）
电子商务实验
商务网站规划设计与管理（第 2 版）
网络营销
电子商务应用基础与实训
网页编程技术（第 2 版）
网页制作技术（第 2 版）
实用数据结构（第 2 版）
多媒体技术及应用
计算机辅助设计与应用
3ds max 动画制作技术（第 2 版）
计算机安全技术
计算机组成原理（第 2 版）
计算机组成原理例题分析与习题解答（第 2 版）
计算机组成原理实验指导

微机原理与接口技术
MCS- 51 单片机应用教程
应用软件开发技术
Web 数据库设计与开发
平面广告设计（第 2 版）
现代广告创意设计
网页设计与制作
图形图像制作技术
三维图形设计与制作
计算机网络管理案例教程
计算机网络与 Windows 教程（Windows 2008）
实训教材系列
常用办公软件综合实训教程（第 2 版）
C 程序设计实训教程
Visual Basic 程序设计实训教程
Access 数据库技术实训教程
SQL Server 2000 数据库实训教程
Windows 2000 网络系统实训教程
网页设计实训教程（第 2 版）
小型网站建设实训教程
网络技术实训教程
Web 应用系统设计与开发实训教程
图形图像制作实训教程

实用技术教材系列

实用技术教材系列
Internet 技术与应用（第 2 版）
C 语言程序设计实用教程
C++程序设计实用教程
Visual Basic 程序设计实用教程
Visual Basic.NET 程序设计实用教程
Java 语言实用教程（第 2 版）
应用软件开发技术实用教程
数据结构实用教程
Access 数据库技术实用教程
网站编程技术实用教程（第 2 版）
网络管理基础实用教程
Internet 应用技术实用教程（第 2 版）
多媒体应用技术实用教程
软件课程群组建设——毕业设计实例教程
软件工程实用教程
三维图形制作实用教程
Maya 基础与应用实用教程